한 권으로

계산

한 권으로 계산 끝 8

지은이 차길영
펴낸이 임상진
펴낸곳 (주)넥서스

초판 1쇄 발행 2019년 9월 25일
초판 4쇄 발행 2023년 5월 10일

출판신고 1992년 4월 3일 제311-2002-2호
10880 경기도 파주시 지목로 5
Tel (02)330-5500 Fax (02)330-5555

ISBN 979-11-6165-654-0 (64410)
        979-11-6165-646-5 (SET)

www.nexusbook.com
www.nexusEDU.kr/math

⏱ **문제풀이** 속도와 **정확성**을 향상시키는
초등 연산 프로그램

계산력+두뇌회전
UP!

한 권으로 계산 끝

수학의 마술사 **차길영** 지음

8

초등수학
4학년 과정

넥서스에듀

혹시 여러분, 이런 학생은 아닌가요?

문제를 풀면 다 맞긴 하는데 시간이
너무 오래 걸려요.

$341+726$

한 자리 숫자는 자신이 있는데
숫자가 커지면 당황해요.

덧셈과 뺄셈은 어렵지 않은데
곱셈과 나눗셈은 무서워요.

계산할 때 자꾸
손가락을 써요.

문제는 빨리 푸는데
채점하면 비가 내려요.

이제 계산 끝이면, 실수 끝! 오답 끝! 걱정 끝!

왜 〈한 권으로 계산 끝〉으로 시작해야 하나요?

수학의 기본은 계산입니다.

계산력이 약한 학생들은 잦은 실수와 문제풀이 시간 부족으로 수학에 대한 흥미를 잃으며 수학을 점점 멀리하게 되는 것이 현실입니다. 따라서 차근차근 계단을 오르듯 수학의 기본이 되는 계산력부터 길러야 합니다. 이러한 계산력은 매일 규칙적으로 꾸준히 학습하는 것이 중요합니다. '창의성'이나 '사고력 및 논리력'은 수학의 기본인 계산력이 뒷받침이 된 다음에 얘기할 수 있는 것입니다. 우리는 '창의성' 또는 '사고력'을 너무나 동경한 나머지 수학의 기본인 '계산'과 '암기'를 소홀히 생각합니다. 그러나 번뜩이는 문제 해결력이나 아이디어, 창의성은 수없이 반복되어 온 암기 훈련 및 꾸준한 학습을 통해 쌓인 지식에 근거한다는 점을 절대 잊으면 안 됩니다.

수학은 일찍 시작해야 합니다.

초등학교 수학 과정은 기초 계산력을 완성시키는 단계입니다. 특히 저학년 때 연산이 차지하는 비율은 전체의 70~80%나 됩니다. 수학 성적의 차이는 머리가 아니라 수학을 얼마나 일찍 시작하느냐에 달려 있습니다. 머리가 좋은 학생이 수학을 잘 하는 것이 아니라 수학을 열심히 공부하는 학생이 머리가 좋아지는 것이죠. 수학이 싫고 어렵다고 어렸을 때부터 수학을 멀리하게 되면 중학교, 고등학교에 올라가서는 수학을 포기하게 됩니다. 수학은 어느 정도 수준에 오르기까지 많은 시간이 필요한 과목이기 때문에 비교적 여유가 있는 초등학교 때 수학의 기본을 다져놓는 것이 중요합니다.

혹시 수학 성적이 걱정되고 불안하신가요?

그렇다면 수학의 기본이 되는 계산력부터 키워주세요. 하루 10~20분씩 꾸준히 계산력을 키우게 되면 티끌 모아 태산이 되듯 수학의 기초가 튼튼해지고 수학이 재미있어질 것입니다. 어떤 문제든 기초 계산 능력이 뒷받침되어 있지 않으면 해결할 수 없습니다. 〈한 권으로 계산 끝〉 시리즈로 수학의 재미를 키워보세요. 여러분은 모두 '수학 천재'가 될 수 있습니다. 화이팅!

수학의 마술사 **차길영**

구성 및 특징

01 계산 원리 학습

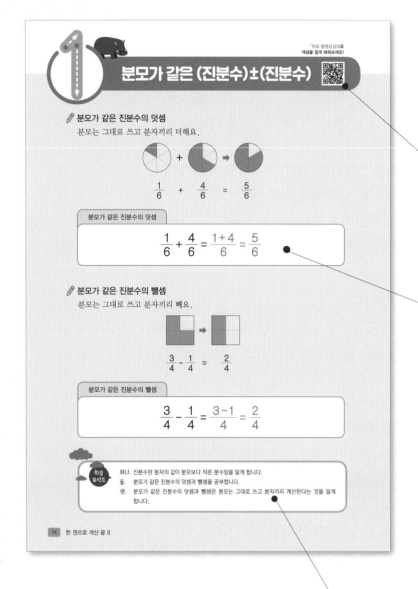

무료 동영상 강의로
계산 원리의 개념을 쉽고
정확하게 이해할 수 있습니다.

QR코드를 스마트폰으로 찍거나
www.nexusEDU.kr/math 접속

초등수학의 새 교육과정에
맞춰 연산 주제의 원리를
이해하고 연산 방법을
이끌어냅니다.

계산 원리의 학습 포인트를
통해 연산의 기초 개념 정리를
한 번에 끝낼 수 있습니다.

02 계산력 학습 및 완성

자신의 진도 목표에 따라 하루에 적당한 분량을 정해 학습합니다.
문제를 풀 때 걸리는 시간을 정확히 측정하고 기록해 보세요.
계산력 향상 Up! Up! Up!

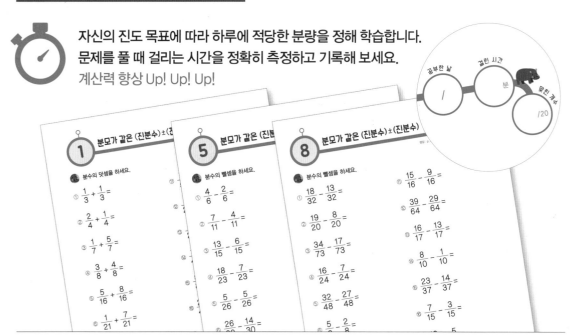

1 분모가 같은 (진분수) ± (진분수)

분수의 덧셈을 하세요.

① $\frac{1}{3} + \frac{1}{3} =$

② $\frac{2}{4} + \frac{1}{4} =$

③ $\frac{1}{7} + \frac{5}{7} =$

④ $\frac{3}{8} + \frac{4}{8} =$

⑤ $\frac{5}{16} + \frac{8}{16} =$

⑥ $\frac{1}{21} + \frac{7}{21} =$

5 분모가 같은 (진분수) ± (진분수)

분수의 뺄셈을 하세요.

① $\frac{4}{6} - \frac{2}{6} =$

② $\frac{7}{11} - \frac{4}{11} =$

③ $\frac{13}{15} - \frac{6}{15} =$

④ $\frac{18}{23} - \frac{7}{23} =$

⑤ $\frac{5}{26} - \frac{5}{26} =$

⑥ $\frac{26}{30} - \frac{14}{30} =$

8 분모가 같은 (진분수) ± (진분수)

분수의 뺄셈을 하세요.

① $\frac{18}{32} - \frac{13}{32} =$

② $\frac{19}{20} - \frac{8}{20} =$

③ $\frac{34}{73} - \frac{17}{73} =$

④ $\frac{16}{24} - \frac{7}{24} =$

⑤ $\frac{32}{48} - \frac{27}{48} =$

⑥ $\frac{5}{-} - \frac{2}{-} =$

① $\frac{15}{16} - \frac{9}{16} =$

② $\frac{39}{64} - \frac{29}{64} =$

③ $\frac{16}{17} - \frac{13}{17} =$

④ $\frac{8}{10} - \frac{1}{10} =$

⑤ $\frac{23}{37} - \frac{14}{37} =$

⑥ $\frac{7}{15} - \frac{3}{15} =$

공부한 날 / 걸린 시간 분 맞힌 개수 /20

03 실력 체크

교재의 중간과 마지막에 나오는 실력 체크 문제로,
앞서 배운 4개의 강의 내용을 복습하고 다시 한 번
실력을 탄탄하게 점검할 수 있습니다.

실력 체크

1-A 분모가 같은 (진분수) ± (진분수)

계산을 하세요.

① $\frac{3}{6} + \frac{2}{6} =$

② $\frac{7}{16} + \frac{4}{16} =$

③ $\frac{34}{76} + \frac{25}{76} =$

④ $\frac{28}{53} + \frac{14}{53} =$

⑤ $\frac{32}{68} + \frac{15}{68} =$

⑥ $\frac{18}{37} + \frac{10}{37} =$

⑦ $\frac{41}{73} + \frac{26}{73} =$

⑧ $\frac{12}{21} + \frac{7}{21} =$

⑨ $\frac{2}{39} + \frac{3}{39} =$

⑩ $\frac{27}{63} + \frac{28}{63} =$

⑪ $\frac{28}{45} - \frac{19}{45} =$

⑫ $\frac{7}{8} - \frac{6}{8} =$

⑬ $\frac{11}{31} - \frac{7}{31} =$

⑭ $\frac{41}{72} - \frac{23}{72} =$

⑮ $\frac{35}{63} - \frac{16}{63} =$

⑯ $\frac{27}{32} - \frac{9}{32} =$

⑰ $\frac{15}{26} - \frac{15}{26} =$

⑱ $\frac{36}{43} - \frac{29}{43} =$

⑲ $\frac{10}{16} - \frac{2}{16} =$

⑳ $\frac{43}{50} - \frac{17}{50} =$

실력 체크

8-B 자릿수가 다른 (소수) − (소수)

소수의 뺄셈을 하세요.

① 21.6 − 6

② 47.01 − 18.4

③ 9.2 − 5.172

④ 2.448 − 1.35

⑤ 26.35 − 7.4

⑥ 8.52 − 5.9

⑦ 24 − 10.52

⑧ 9.2 − 7.57

⑨ 14.1 − 3.73

⑩ 7 − 1.658

⑪ 59.6 − 24.39

⑫ 5.64 − 4.372

'한 권으로 계산 끝'만의 차별화된 서비스

✅ 스마트폰으로 QR코드를 찍으면 이 모든 것이 가능해요!

1 모바일 진단평가
과연 내 연산 실력은 어떤 레벨일까요?
진단평가로 현재 실력을 확인하고
알맞은 레벨을 선택할 수 있어요.

2 무료 동영상 강의
눈에 쏙! 귀에 쏙! 들어오는 개념
설명 강의를 보면, 문제의 답이
쉽게 보인답니다.

3 초시계
자신의 문제풀이 속도를
측정하고 '걸린 시간'을
기록하는 습관은
계산 끝판왕이 되는
필수 요소예요.

4 마무리 평가
온라인에서 제공하는 별도 추가 종합
문제를 통해 학습한 내용을 복습하고
최종 실력을 확인할 수 있어요.

5 추가 문제
각 권마다 추가로
제공되는 문제로
속도력 + 정확성을
키우세요!

✅ **스마트폰이 없어도 걱정 마세요!**
넥서스에듀 홈페이지로 들어오세요.

※ 진단평가, 마무리 평가의 종합문제 및 추가 문제는
홈페이지에서 다운로드 → 프린트해서 쓸 수 있어요.

www.nexusEDU.kr/math

차례

8 분수와 소수의 덧셈과 뺄셈 초급

초등수학
4학년 과정

한 권으로 계산 끝 학습계획표

✅ 하루하루 끝내기로 한 학습 분량을 마치고 학습계획표를 체크해 보세요!

2주 / 4주 / 8주 완성 학습 목표를 정한 뒤에 매일매일 체크해 보세요.
스스로 공부하는 습관이 길러지고, 수학의 기초 실력인 연산력+계산력이 쑥쑥 향상됩니다.

2주 완성

1주	1일	2일	3일	4일	5일
	1강의 1~8	2강의 1~8	3강의 1~8	4강의 1~8	실력체크 중간 점검
	✔	완료	완료	완료	완료

2주	6일	7일	8일	9일	10일
	5강의 1~8	6강의 1~8	7강의 1~8	8강의 1~8	실력체크 최종 점검
	완료	완료	완료	완료	완료

wow!

4주 완성

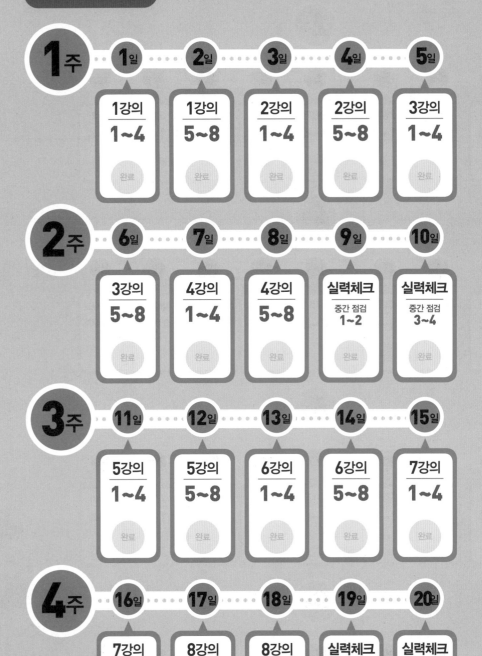

1주

1일 — **2일** — **3일** — **4일** — **5일**

| 1강의 1~4 | 1강의 5~8 | 2강의 1~4 | 2강의 5~8 | 3강의 1~4 |
| 완료 | 완료 | 완료 | 완료 | 완료 |

2주

6일 — **7일** — **8일** — **9일** — **10일**

| 3강의 5~8 | 4강의 1~4 | 4강의 5~8 | 실력체크 중간 점검 1~2 | 실력체크 중간 점검 3~4 |
| 완료 | 완료 | 완료 | 완료 | 완료 |

3주

11일 — **12일** — **13일** — **14일** — **15일**

| 5강의 1~4 | 5강의 5~8 | 6강의 1~4 | 6강의 5~8 | 7강의 1~4 |
| 완료 | 완료 | 완료 | 완료 | 완료 |

4주

16일 — **17일** — **18일** — **19일** — **20일**

| 7강의 5~8 | 8강의 1~4 | 8강의 5~8 | 실력체크 최종 점검 5~6 | 실력체크 최종 점검 7~8 |
| 완료 | 완료 | 완료 | 완료 | 완료 |

한 권으로 계산 끝 학습계획표

8주 완성

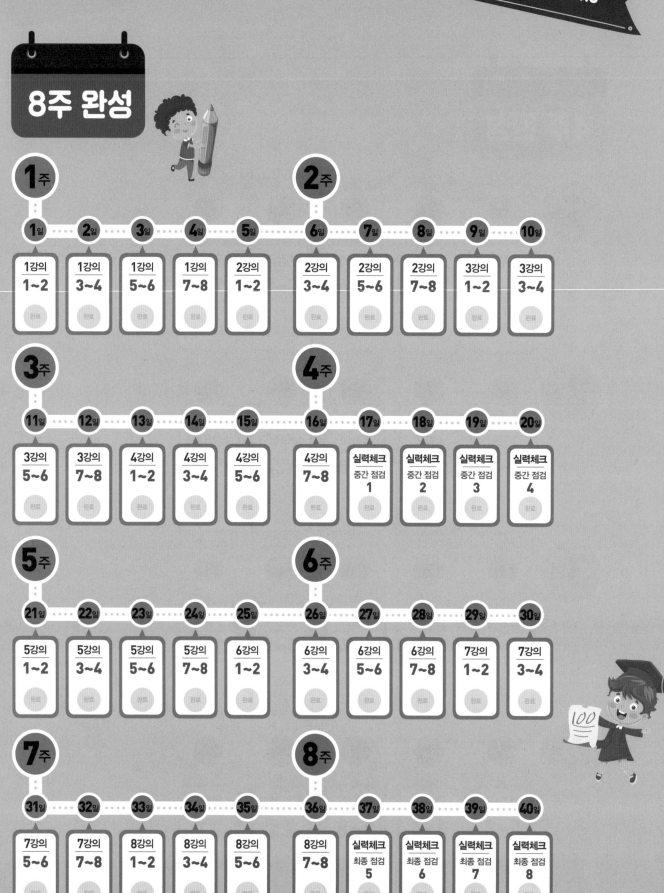

1주

1일	2일	3일	4일	5일	6일	7일	8일	9일	10일
1강의 1~2 완료	1강의 3~4 완료	1강의 5~6 완료	1강의 7~8 완료	2강의 1~2 완료	2강의 3~4 완료	2강의 5~6 완료	2강의 7~8 완료	3강의 1~2 완료	3강의 3~4 완료

2주

3주

11일	12일	13일	14일	15일	16일	17일	18일	19일	20일
3강의 5~6 완료	3강의 7~8 완료	4강의 1~2 완료	4강의 3~4 완료	4강의 5~6 완료	4강의 7~8 완료	실력체크 중간 점검 1 완료	실력체크 중간 점검 2 완료	실력체크 중간 점검 3 완료	실력체크 중간 점검 4 완료

4주

5주

21일	22일	23일	24일	25일	26일	27일	28일	29일	30일
5강의 1~2 완료	5강의 3~4 완료	5강의 5~6 완료	5강의 7~8 완료	6강의 1~2 완료	6강의 3~4 완료	6강의 5~6 완료	6강의 7~8 완료	7강의 1~2 완료	7강의 3~4 완료

6주

7주

31일	32일	33일	34일	35일	36일	37일	38일	39일	40일
7강의 5~6 완료	7강의 7~8 완료	8강의 1~2 완료	8강의 3~4 완료	8강의 5~6 완료	8강의 7~8 완료	실력체크 최종 점검 5 완료	실력체크 최종 점검 6 완료	실력체크 최종 점검 7 완료	실력체크 최종 점검 8 완료

8주

분수와 소수의
덧셈과 뺄셈
초급

4학년 과정

분모가 같은 (진분수)±(진분수)

✏️ 분모가 같은 진분수의 덧셈

분모는 그대로 쓰고 분자끼리 더해요.

$$\frac{1}{6} \quad + \quad \frac{4}{6} \quad = \quad \frac{5}{6}$$

분모가 같은 진분수의 덧셈

$$\frac{1}{6} + \frac{4}{6} = \frac{1+4}{6} = \frac{5}{6}$$

✏️ 분모가 같은 진분수의 뺄셈

분모는 그대로 쓰고 분자끼리 빼요.

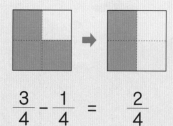

$$\frac{3}{4} \quad - \quad \frac{1}{4} \quad = \quad \frac{2}{4}$$

분모가 같은 진분수의 뺄셈

$$\frac{3}{4} - \frac{1}{4} = \frac{3-1}{4} = \frac{2}{4}$$

학습 포인트

하나. 진분수란 분자의 값이 분모보다 작은 분수임을 알게 합니다.

둘. 분모가 같은 진분수의 덧셈과 뺄셈을 공부합니다.

셋. 분모가 같은 진분수의 덧셈과 뺄셈은 분모는 그대로 쓰고 분자끼리 계산한다는 것을 알게 합니다.

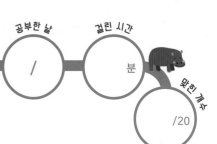
분수의 덧셈을 하세요.

① $\dfrac{1}{3} + \dfrac{1}{3} =$

② $\dfrac{2}{4} + \dfrac{1}{4} =$

③ $\dfrac{1}{7} + \dfrac{5}{7} =$

④ $\dfrac{3}{8} + \dfrac{4}{8} =$

⑤ $\dfrac{5}{16} + \dfrac{8}{16} =$

⑥ $\dfrac{1}{21} + \dfrac{7}{21} =$

⑦ $\dfrac{13}{25} + \dfrac{6}{25} =$

⑧ $\dfrac{8}{32} + \dfrac{11}{32} =$

⑨ $\dfrac{16}{39} + \dfrac{7}{39} =$

⑩ $\dfrac{21}{44} + \dfrac{15}{44} =$

⑪ $\dfrac{1}{5} + \dfrac{3}{5} =$

⑫ $\dfrac{4}{24} + \dfrac{7}{24} =$

⑬ $\dfrac{11}{20} + \dfrac{3}{20} =$

⑭ $\dfrac{16}{45} + \dfrac{12}{45} =$

⑮ $\dfrac{5}{8} + \dfrac{1}{8} =$

⑯ $\dfrac{24}{40} + \dfrac{9}{40} =$

⑰ $\dfrac{2}{12} + \dfrac{5}{12} =$

⑱ $\dfrac{17}{27} + \dfrac{8}{27} =$

⑲ $\dfrac{5}{18} + \dfrac{9}{18} =$

⑳ $\dfrac{3}{36} + \dfrac{14}{36} =$

공부한 날

걸린 시간

정답: p.2

/

분

맞힌 개수

/20

분수의 덧셈을 하세요.

① $\dfrac{2}{6} + \dfrac{3}{6} =$

② $\dfrac{4}{8} + \dfrac{3}{8} =$

③ $\dfrac{3}{10} + \dfrac{6}{10} =$

④ $\dfrac{8}{17} + \dfrac{5}{17} =$

⑤ $\dfrac{4}{20} + \dfrac{15}{20} =$

⑥ $\dfrac{11}{25} + \dfrac{3}{25} =$

⑦ $\dfrac{3}{32} + \dfrac{17}{32} =$

⑧ $\dfrac{20}{37} + \dfrac{3}{37} =$

⑨ $\dfrac{32}{48} + \dfrac{13}{48} =$

⑩ $\dfrac{17}{50} + \dfrac{11}{50} =$

⑪ $\dfrac{1}{7} + \dfrac{2}{7} =$

⑫ $\dfrac{6}{27} + \dfrac{13}{27} =$

⑬ $\dfrac{11}{32} + \dfrac{5}{32} =$

⑭ $\dfrac{7}{16} + \dfrac{6}{16} =$

⑮ $\dfrac{23}{42} + \dfrac{8}{42} =$

⑯ $\dfrac{15}{29} + \dfrac{6}{29} =$

⑰ $\dfrac{1}{8} + \dfrac{3}{8} =$

⑱ $\dfrac{13}{24} + \dfrac{4}{24} =$

⑲ $\dfrac{15}{36} + \dfrac{16}{36} =$

⑳ $\dfrac{8}{44} + \dfrac{27}{44} =$

3

분모가 같은 (진분수) ± (진분수)

공부한 날

걸린 시간

/

분

맞힌 개수

/20

정답: p.2

분수의 덧셈을 하세요.

① $\dfrac{2}{5} + \dfrac{1}{5} =$

② $\dfrac{8}{14} + \dfrac{5}{14} =$

③ $\dfrac{15}{27} + \dfrac{10}{27} =$

④ $\dfrac{11}{38} + \dfrac{14}{38} =$

⑤ $\dfrac{9}{49} + \dfrac{7}{49} =$

⑥ $\dfrac{30}{56} + \dfrac{14}{56} =$

⑦ $\dfrac{16}{45} + \dfrac{7}{45} =$

⑧ $\dfrac{12}{22} + \dfrac{9}{22} =$

⑨ $\dfrac{13}{47} + \dfrac{12}{47} =$

⑩ $\dfrac{9}{31} + \dfrac{8}{31} =$

⑪ $\dfrac{3}{6} + \dfrac{2}{6} =$

⑫ $\dfrac{7}{23} + \dfrac{12}{23} =$

⑬ $\dfrac{20}{34} + \dfrac{7}{34} =$

⑭ $\dfrac{13}{42} + \dfrac{19}{42} =$

⑮ $\dfrac{22}{54} + \dfrac{7}{54} =$

⑯ $\dfrac{6}{15} + \dfrac{6}{15} =$

⑰ $\dfrac{27}{52} + \dfrac{4}{52} =$

⑱ $\dfrac{2}{7} + \dfrac{3}{7} =$

⑲ $\dfrac{2}{9} + \dfrac{5}{9} =$

⑳ $\dfrac{6}{13} + \dfrac{5}{13} =$

분수의 덧셈을 하세요.

① $\dfrac{2}{4} + \dfrac{1}{4} =$

② $\dfrac{5}{24} + \dfrac{15}{24} =$

③ $\dfrac{11}{29} + \dfrac{16}{29} =$

④ $\dfrac{5}{34} + \dfrac{23}{34} =$

⑤ $\dfrac{19}{42} + \dfrac{14}{42} =$

⑥ $\dfrac{5}{8} + \dfrac{2}{8} =$

⑦ $\dfrac{7}{14} + \dfrac{5}{14} =$

⑧ $\dfrac{6}{16} + \dfrac{9}{16} =$

⑨ $\dfrac{21}{40} + \dfrac{8}{40} =$

⑩ $\dfrac{13}{35} + \dfrac{7}{35} =$

⑪ $\dfrac{9}{18} + \dfrac{7}{18} =$

⑫ $\dfrac{8}{26} + \dfrac{15}{26} =$

⑬ $\dfrac{19}{32} + \dfrac{12}{32} =$

⑭ $\dfrac{20}{38} + \dfrac{15}{38} =$

⑮ $\dfrac{12}{49} + \dfrac{26}{49} =$

⑯ $\dfrac{18}{63} + \dfrac{34}{63} =$

⑰ $\dfrac{29}{46} + \dfrac{16}{46} =$

⑱ $\dfrac{6}{23} + \dfrac{10}{23} =$

⑲ $\dfrac{37}{72} + \dfrac{28}{72} =$

⑳ $\dfrac{14}{19} + \dfrac{4}{19} =$

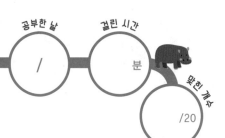

분수의 뺄셈을 하세요.

① $\dfrac{4}{6} - \dfrac{2}{6} =$

② $\dfrac{7}{11} - \dfrac{4}{11} =$

③ $\dfrac{13}{15} - \dfrac{6}{15} =$

④ $\dfrac{18}{23} - \dfrac{7}{23} =$

⑤ $\dfrac{5}{26} - \dfrac{5}{26} =$

⑥ $\dfrac{26}{30} - \dfrac{14}{30} =$

⑦ $\dfrac{10}{36} - \dfrac{8}{36} =$

⑧ $\dfrac{27}{42} - \dfrac{9}{42} =$

⑨ $\dfrac{34}{48} - \dfrac{3}{48} =$

⑩ $\dfrac{39}{54} - \dfrac{16}{54} =$

⑪ $\dfrac{15}{18} - \dfrac{3}{18} =$

⑫ $\dfrac{26}{54} - \dfrac{18}{54} =$

⑬ $\dfrac{38}{52} - \dfrac{13}{52} =$

⑭ $\dfrac{6}{8} - \dfrac{2}{8} =$

⑮ $\dfrac{32}{42} - \dfrac{5}{42} =$

⑯ $\dfrac{36}{51} - \dfrac{17}{51} =$

⑰ $\dfrac{13}{16} - \dfrac{4}{16} =$

⑱ $\dfrac{21}{30} - \dfrac{7}{30} =$

⑲ $\dfrac{13}{38} - \dfrac{6}{38} =$

⑳ $\dfrac{19}{24} - \dfrac{3}{24} =$

6 분모가 같은 (진분수) ± (진분수)

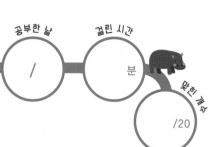

공부한 날

걸린 시간

분

맞힌 개수

/20

정답: p.2

분수의 뺄셈을 하세요.

① $\dfrac{7}{8} - \dfrac{3}{8} =$

② $\dfrac{9}{10} - \dfrac{2}{10} =$

③ $\dfrac{8}{12} - \dfrac{4}{12} =$

④ $\dfrac{11}{18} - \dfrac{6}{18} =$

⑤ $\dfrac{21}{24} - \dfrac{7}{24} =$

⑥ $\dfrac{16}{29} - \dfrac{3}{29} =$

⑦ $\dfrac{20}{38} - \dfrac{12}{38} =$

⑧ $\dfrac{34}{42} - \dfrac{26}{42} =$

⑨ $\dfrac{28}{49} - \dfrac{28}{49} =$

⑩ $\dfrac{45}{62} - \dfrac{11}{62} =$

⑪ $\dfrac{17}{21} - \dfrac{4}{21} =$

⑫ $\dfrac{19}{36} - \dfrac{12}{36} =$

⑬ $\dfrac{48}{52} - \dfrac{35}{52} =$

⑭ $\dfrac{36}{57} - \dfrac{11}{57} =$

⑮ $\dfrac{12}{63} - \dfrac{3}{63} =$

⑯ $\dfrac{27}{42} - \dfrac{8}{42} =$

⑰ $\dfrac{19}{20} - \dfrac{18}{20} =$

⑱ $\dfrac{24}{32} - \dfrac{6}{32} =$

⑲ $\dfrac{28}{35} - \dfrac{9}{35} =$

⑳ $\dfrac{7}{9} - \dfrac{2}{9} =$

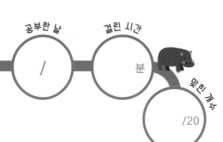

7 분모가 같은 (진분수) ± (진분수)

공부한 날 / 걸린 시간 분 맞힌 개수 /20

정답: p.3

🦛 분수의 뺄셈을 하세요.

① $\dfrac{5}{7} - \dfrac{1}{7} =$

② $\dfrac{10}{13} - \dfrac{6}{13} =$

③ $\dfrac{8}{19} - \dfrac{3}{19} =$

④ $\dfrac{43}{72} - \dfrac{14}{72} =$

⑤ $\dfrac{15}{36} - \dfrac{9}{36} =$

⑥ $\dfrac{8}{9} - \dfrac{7}{9} =$

⑦ $\dfrac{13}{15} - \dfrac{5}{15} =$

⑧ $\dfrac{10}{26} - \dfrac{7}{26} =$

⑨ $\dfrac{37}{42} - \dfrac{15}{42} =$

⑩ $\dfrac{42}{57} - \dfrac{27}{57} =$

⑪ $\dfrac{36}{64} - \dfrac{19}{64} =$

⑫ $\dfrac{9}{16} - \dfrac{2}{16} =$

⑬ $\dfrac{17}{19} - \dfrac{8}{19} =$

⑭ $\dfrac{15}{30} - \dfrac{3}{30} =$

⑮ $\dfrac{32}{56} - \dfrac{17}{56} =$

⑯ $\dfrac{6}{10} - \dfrac{2}{10} =$

⑰ $\dfrac{19}{20} - \dfrac{11}{20} =$

⑱ $\dfrac{9}{34} - \dfrac{9}{34} =$

⑲ $\dfrac{21}{51} - \dfrac{12}{51} =$

⑳ $\dfrac{28}{68} - \dfrac{3}{68} =$

1. 분모가 같은 (진분수) ± (진분수) 21

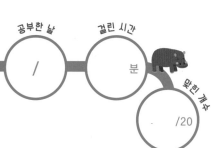

분수의 뺄셈을 하세요.

① $\dfrac{18}{32} - \dfrac{13}{32} =$

② $\dfrac{19}{20} - \dfrac{8}{20} =$

③ $\dfrac{34}{73} - \dfrac{17}{73} =$

④ $\dfrac{16}{24} - \dfrac{7}{24} =$

⑤ $\dfrac{32}{48} - \dfrac{27}{48} =$

⑥ $\dfrac{5}{8} - \dfrac{2}{8} =$

⑦ $\dfrac{8}{16} - \dfrac{6}{16} =$

⑧ $\dfrac{23}{24} - \dfrac{7}{24} =$

⑨ $\dfrac{34}{37} - \dfrac{16}{37} =$

⑩ $\dfrac{15}{62} - \dfrac{15}{62} =$

⑪ $\dfrac{15}{16} - \dfrac{9}{16} =$

⑫ $\dfrac{39}{64} - \dfrac{29}{64} =$

⑬ $\dfrac{16}{17} - \dfrac{13}{17} =$

⑭ $\dfrac{8}{10} - \dfrac{1}{10} =$

⑮ $\dfrac{23}{37} - \dfrac{14}{37} =$

⑯ $\dfrac{7}{15} - \dfrac{3}{15} =$

⑰ $\dfrac{13}{21} - \dfrac{5}{21} =$

⑱ $\dfrac{19}{32} - \dfrac{12}{32} =$

⑲ $\dfrac{11}{40} - \dfrac{9}{40} =$

⑳ $\dfrac{57}{66} - \dfrac{28}{66} =$

기본 개념 알고 가기

무료 동영상강의로
개념을 쉽게 배워보세요!

✏️ 대분수를 가분수로 나타내기

$1\dfrac{1}{2}$은 $\dfrac{1}{2}$이 3개로 $\dfrac{3}{2}$이에요. 즉, $1\dfrac{1}{2}$은 $\dfrac{2}{2}+\dfrac{1}{2}$이므로 $\dfrac{3}{2}$이에요.

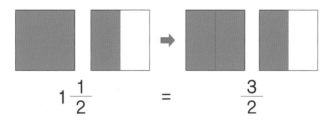

$$1\dfrac{1}{2} \qquad = \qquad \dfrac{3}{2}$$

대분수를 가분수로 나타내기

$$1\dfrac{1}{2} = \dfrac{2}{2} + \dfrac{1}{2} = \dfrac{3}{2}$$

✏️ 가분수를 대분수로 나타내기

$\dfrac{5}{4}$는 $\dfrac{1}{4}$이 5개예요. 즉, $\dfrac{5}{4}$는 $\dfrac{4}{4}+\dfrac{1}{4}$이므로 $1\dfrac{1}{4}$이에요.

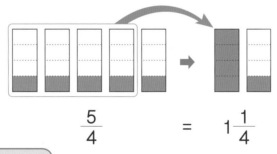

$$\dfrac{5}{4} \qquad = \qquad 1\dfrac{1}{4}$$

가분수를 대분수로 나타내기

$$\dfrac{5}{4} = \dfrac{4}{4} + \dfrac{1}{4} = 1\dfrac{1}{4}$$

추가
설명

하나. 가분수란 분자가 분모보다 큰 분수를 말해요. (예) $\dfrac{3}{2}$, $\dfrac{5}{4}$

둘. 대분수란 자연수와 진분수로 이루어진 분수를 말해요. (예) $1\dfrac{1}{2}$, $1\dfrac{1}{4}$

Special Lesson

기본 개념 알고 가기

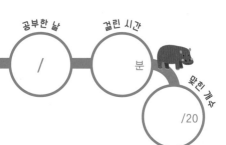

공부한 날   걸린 시간

/   분

정답: p.3

맞힌 개수

/20

대분수 또는 자연수를 가분수로 나타내세요.

① $1\dfrac{2}{3} =$

② $1\dfrac{4}{5} =$

③ $2\dfrac{5}{9} =$

④ $2\dfrac{6}{11} =$

⑤ $4\dfrac{5}{6} =$

⑥ $5\dfrac{1}{4} =$

⑦ $6\dfrac{2}{7} =$

⑧ $2 = \dfrac{\square}{2}$

⑨ $3 = \dfrac{\square}{4}$

⑩ $5 = \dfrac{\square}{7}$

⑪ $2\dfrac{1}{4} =$

⑫ $4\dfrac{8}{9} =$

⑬ $5\dfrac{1}{6} =$

⑭ $1\dfrac{4}{7} =$

⑮ $4\dfrac{3}{4} =$

⑯ $3\dfrac{2}{5} =$

⑰ $2\dfrac{7}{12} =$

⑱ $6 = \dfrac{\square}{5}$

⑲ $4 = \dfrac{\square}{7}$

⑳ $1 = \dfrac{\square}{6}$

 가분수를 대분수 또는 자연수로 나타내세요.

① $\dfrac{5}{2} =$

② $\dfrac{19}{3} =$

③ $\dfrac{15}{4} =$

④ $\dfrac{21}{4} =$

⑤ $\dfrac{18}{5} =$

⑥ $\dfrac{11}{6} =$

⑦ $\dfrac{27}{8} =$

⑧ $\dfrac{12}{3} =$

⑨ $\dfrac{20}{4} =$

⑩ $\dfrac{36}{6} =$

⑪ $\dfrac{20}{7} =$

⑫ $\dfrac{9}{2} =$

⑬ $\dfrac{35}{8} =$

⑭ $\dfrac{13}{5} =$

⑮ $\dfrac{16}{3} =$

⑯ $\dfrac{23}{6} =$

⑰ $\dfrac{17}{9} =$

⑱ $\dfrac{10}{2} =$

⑲ $\dfrac{9}{3} =$

⑳ $\dfrac{24}{4} =$

2 합이 가분수가 되는 (진분수)+(진분수) / (자연수)-(진분수)

✏️ 합이 가분수인 분모가 같은 진분수의 덧셈

분모는 그대로 두고 분자끼리 더한 후 결과가 가분수이면 대분수로 바꾸어 나타내요.

$$\frac{3}{4} \quad + \quad \frac{2}{4} \quad = \quad 1\frac{1}{4}$$

> **합이 가분수인 분모가 같은 진분수의 덧셈**
>
> $$\frac{3}{4} + \frac{2}{4} = \frac{3+2}{4} = \frac{5}{4} = 1\frac{1}{4}$$

✏️ 자연수와 진분수의 뺄셈

자연수에서 1만큼을 진분수의 분모와 같은 가분수로 바꾸어 계산해요.

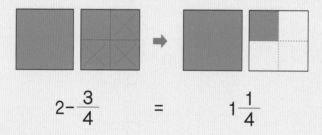

$$2-\frac{3}{4} \quad = \quad 1\frac{1}{4}$$

> **자연수와 진분수의 뺄셈**
>
> $$2 - \frac{3}{4} = 1\frac{4}{4} - \frac{3}{4} = 1 + \left(\frac{4}{4} - \frac{3}{4}\right) = 1\frac{1}{4}$$

학습 포인트

하나. 합이 가분수인 분모가 같은 진분수의 덧셈과 자연수와 진분수의 뺄셈을 공부합니다.

둘. 계산 결과가 가분수인 경우에는 대분수로 바꾸어 나타냅니다.

셋. 자연수와 진분수의 뺄셈에서 자연수에서 1만큼을 분수로 바꿀 때에는 빼는 분수의 분모와 같은 가분수로 바꾸어야 한다는 것을 알게 합니다.

분수의 덧셈을 하세요.

① $\dfrac{4}{6} + \dfrac{3}{6} =$

② $\dfrac{6}{7} + \dfrac{3}{7} =$

③ $\dfrac{2}{9} + \dfrac{8}{9} =$

④ $\dfrac{6}{10} + \dfrac{7}{10} =$

⑤ $\dfrac{5}{11} + \dfrac{8}{11} =$

⑥ $\dfrac{7}{15} + \dfrac{9}{15} =$

⑦ $\dfrac{12}{17} + \dfrac{9}{17} =$

⑧ $\dfrac{7}{20} + \dfrac{15}{20} =$

⑨ $\dfrac{15}{28} + \dfrac{16}{28} =$

⑩ $\dfrac{23}{32} + \dfrac{14}{32} =$

⑪ $\dfrac{5}{6} + \dfrac{3}{6} =$

⑫ $\dfrac{6}{7} + \dfrac{6}{7} =$

⑬ $\dfrac{8}{11} + \dfrac{10}{11} =$

⑭ $\dfrac{12}{16} + \dfrac{13}{16} =$

⑮ $\dfrac{7}{10} + \dfrac{4}{10} =$

⑯ $\dfrac{18}{32} + \dfrac{14}{32} =$

⑰ $\dfrac{3}{4} + \dfrac{3}{4} =$

⑱ $\dfrac{12}{25} + \dfrac{16}{25} =$

⑲ $\dfrac{8}{14} + \dfrac{9}{14} =$

⑳ $\dfrac{16}{23} + \dfrac{8}{23} =$

2

합이 가분수가 되는 (진분수)+(진분수) / (자연수)−(진분수)

공부한 날
/

걸린 시간
분

맞힌 개수
/20

정답: p.4

 분수의 덧셈을 하세요.

① $\dfrac{5}{9} + \dfrac{6}{9} =$

② $\dfrac{7}{9} + \dfrac{7}{9} =$

③ $\dfrac{7}{12} + \dfrac{6}{12} =$

④ $\dfrac{11}{16} + \dfrac{9}{16} =$

⑤ $\dfrac{9}{18} + \dfrac{14}{18} =$

⑥ $\dfrac{13}{22} + \dfrac{12}{22} =$

⑦ $\dfrac{12}{23} + \dfrac{12}{23} =$

⑧ $\dfrac{16}{30} + \dfrac{23}{30} =$

⑨ $\dfrac{26}{32} + \dfrac{9}{32} =$

⑩ $\dfrac{18}{34} + \dfrac{21}{34} =$

⑪ $\dfrac{3}{5} + \dfrac{3}{5} =$

⑫ $\dfrac{5}{10} + \dfrac{8}{10} =$

⑬ $\dfrac{16}{23} + \dfrac{11}{23} =$

⑭ $\dfrac{7}{18} + \dfrac{12}{18} =$

⑮ $\dfrac{19}{26} + \dfrac{8}{26} =$

⑯ $\dfrac{11}{20} + \dfrac{16}{20} =$

⑰ $\dfrac{12}{32} + \dfrac{27}{32} =$

⑱ $\dfrac{4}{9} + \dfrac{5}{9} =$

⑲ $\dfrac{9}{15} + \dfrac{8}{15} =$

⑳ $\dfrac{23}{28} + \dfrac{13}{28} =$

3

합이 가분수가 되는 (진분수)+(진분수) / (자연수)−(진분수)

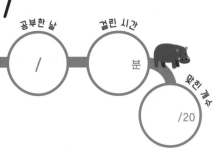

공부한 날
/

걸린 시간
분

맞힌 개수
/20

정답: p.4

분수의 덧셈을 하세요.

① $\dfrac{4}{7} + \dfrac{5}{7} =$

② $\dfrac{6}{11} + \dfrac{8}{11} =$

③ $\dfrac{11}{15} + \dfrac{14}{15} =$

④ $\dfrac{18}{30} + \dfrac{19}{30} =$

⑤ $\dfrac{34}{63} + \dfrac{37}{63} =$

⑥ $\dfrac{5}{9} + \dfrac{8}{9} =$

⑦ $\dfrac{7}{11} + \dfrac{9}{11} =$

⑧ $\dfrac{21}{32} + \dfrac{17}{32} =$

⑨ $\dfrac{9}{18} + \dfrac{16}{18} =$

⑩ $\dfrac{17}{23} + \dfrac{7}{23} =$

⑪ $\dfrac{7}{9} + \dfrac{4}{9} =$

⑫ $\dfrac{13}{14} + \dfrac{9}{14} =$

⑬ $\dfrac{16}{25} + \dfrac{16}{25} =$

⑭ $\dfrac{42}{56} + \dfrac{19}{56} =$

⑮ $\dfrac{32}{75} + \dfrac{48}{75} =$

⑯ $\dfrac{8}{20} + \dfrac{19}{20} =$

⑰ $\dfrac{38}{64} + \dfrac{42}{64} =$

⑱ $\dfrac{3}{5} + \dfrac{4}{5} =$

⑲ $\dfrac{34}{40} + \dfrac{6}{40} =$

⑳ $\dfrac{19}{36} + \dfrac{24}{36} =$

4

합이 가분수가 되는 (진분수)+(진분수) /
(자연수)-(진분수)

공부한 날

걸린 시간

/

분

맞힌 개수

/20

정답: p.4

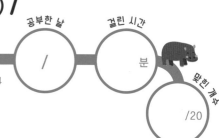

분수의 덧셈을 하세요.

① $\dfrac{3}{7} + \dfrac{5}{7} =$

⑪ $\dfrac{6}{10} + \dfrac{7}{10} =$

② $\dfrac{11}{12} + \dfrac{8}{12} =$

⑫ $\dfrac{14}{15} + \dfrac{8}{15} =$

③ $\dfrac{10}{19} + \dfrac{10}{19} =$

⑬ $\dfrac{13}{20} + \dfrac{19}{20} =$

④ $\dfrac{17}{21} + \dfrac{9}{21} =$

⑭ $\dfrac{25}{58} + \dfrac{38}{58} =$

⑤ $\dfrac{42}{65} + \dfrac{30}{65} =$

⑮ $\dfrac{54}{76} + \dfrac{34}{76} =$

⑥ $\dfrac{10}{11} + \dfrac{8}{11} =$

⑯ $\dfrac{16}{24} + \dfrac{8}{24} =$

⑦ $\dfrac{5}{6} + \dfrac{4}{6} =$

⑰ $\dfrac{11}{13} + \dfrac{7}{13} =$

⑧ $\dfrac{7}{9} + \dfrac{8}{9} =$

⑱ $\dfrac{29}{45} + \dfrac{23}{45} =$

⑨ $\dfrac{37}{56} + \dfrac{46}{56} =$

⑲ $\dfrac{12}{20} + \dfrac{12}{20} =$

⑩ $\dfrac{29}{41} + \dfrac{20}{41} =$

⑳ $\dfrac{15}{18} + \dfrac{16}{18} =$

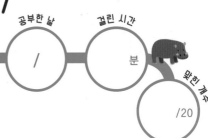

정답: p.4

빼셈을 하세요.

① $1 - \dfrac{2}{5} =$

② $1 - \dfrac{6}{9} =$

③ $1 - \dfrac{3}{21} =$

④ $2 - \dfrac{8}{17} =$

⑤ $2 - \dfrac{7}{25} =$

⑥ $3 - \dfrac{5}{39} =$

⑦ $3 - \dfrac{27}{45} =$

⑧ $4 - \dfrac{3}{11} =$

⑨ $4 - \dfrac{9}{32} =$

⑩ $5 - \dfrac{3}{8} =$

⑪ $2 - \dfrac{4}{45} =$

⑫ $4 - \dfrac{11}{23} =$

⑬ $6 - \dfrac{3}{7} =$

⑭ $3 - \dfrac{8}{16} =$

⑮ $2 - \dfrac{10}{29} =$

⑯ $3 - \dfrac{1}{4} =$

⑰ $4 - \dfrac{7}{18} =$

⑱ $1 - \dfrac{8}{36} =$

⑲ $2 - \dfrac{15}{40} =$

⑳ $2 - \dfrac{34}{55} =$

6

합이 가분수가 되는 (진분수)+(진분수) /
(자연수)−(진분수)

공부한 날

걸린 시간

/

분

맞힌 개수

/20

정답: p.4

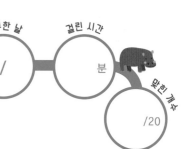

 뺄셈을 하세요.

① $1 - \dfrac{2}{7} =$

② $1 - \dfrac{2}{11} =$

③ $1 - \dfrac{8}{26} =$

④ $1 - \dfrac{19}{34} =$

⑤ $2 - \dfrac{7}{8} =$

⑥ $3 - \dfrac{9}{12} =$

⑦ $4 - \dfrac{5}{46} =$

⑧ $5 - \dfrac{6}{17} =$

⑨ $5 - \dfrac{28}{55} =$

⑩ $7 - \dfrac{6}{23} =$

⑪ $2 - \dfrac{6}{19} =$

⑫ $8 - \dfrac{7}{16} =$

⑬ $5 - \dfrac{5}{10} =$

⑭ $7 - \dfrac{22}{43} =$

⑮ $5 - \dfrac{4}{12} =$

⑯ $4 - \dfrac{5}{9} =$

⑰ $6 - \dfrac{15}{54} =$

⑱ $2 - \dfrac{1}{7} =$

⑲ $1 - \dfrac{13}{29} =$

⑳ $4 - \dfrac{7}{32} =$

7

합이 가분수가 되는 (진분수)+(진분수) /
(자연수)−(진분수)

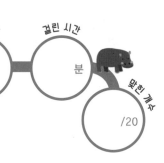

공부한 날

걸린 시간

/

분

맞힌 개수

/20

정답: p.4

 뺄셈을 하세요.

① $3 - \dfrac{9}{20} =$

② $5 - \dfrac{4}{11} =$

③ $3 - \dfrac{7}{28} =$

④ $1 - \dfrac{1}{35} =$

⑤ $9 - \dfrac{3}{7} =$

⑥ $1 - \dfrac{8}{19} =$

⑦ $2 - \dfrac{5}{23} =$

⑧ $3 - \dfrac{7}{54} =$

⑨ $6 - \dfrac{19}{38} =$

⑩ $8 - \dfrac{3}{15} =$

⑪ $2 - \dfrac{28}{52} =$

⑫ $8 - \dfrac{2}{16} =$

⑬ $4 - \dfrac{7}{13} =$

⑭ $7 - \dfrac{5}{9} =$

⑮ $10 - \dfrac{3}{24} =$

⑯ $2 - \dfrac{7}{8} =$

⑰ $3 - \dfrac{14}{46} =$

⑱ $4 - \dfrac{2}{11} =$

⑲ $7 - \dfrac{6}{32} =$

⑳ $11 - \dfrac{8}{27} =$

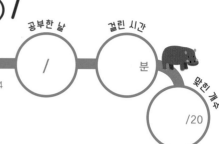

공부한 날 /　　걸린 시간 분　　맞힌 개수 /20

🦛 뺄셈을 하세요.

① $7 - \dfrac{1}{18} =$

② $12 - \dfrac{5}{9} =$

③ $2 - \dfrac{2}{61} =$

④ $3 - \dfrac{10}{26} =$

⑤ $1 - \dfrac{34}{47} =$

⑥ $1 - \dfrac{2}{14} =$

⑦ $2 - \dfrac{19}{32} =$

⑧ $5 - \dfrac{1}{9} =$

⑨ $6 - \dfrac{15}{44} =$

⑩ $9 - \dfrac{7}{68} =$

⑪ $6 - \dfrac{3}{14} =$

⑫ $4 - \dfrac{7}{9} =$

⑬ $9 - \dfrac{8}{31} =$

⑭ $4 - \dfrac{2}{3} =$

⑮ $5 - \dfrac{27}{52} =$

⑯ $1 - \dfrac{11}{23} =$

⑰ $4 - \dfrac{15}{37} =$

⑱ $6 - \dfrac{4}{19} =$

⑲ $8 - \dfrac{6}{57} =$

⑳ $10 - \dfrac{3}{7} =$

③ 분모가 같은 (대분수)+(대분수)

✏️ 자연수는 자연수끼리, 분수는 분수끼리 계산하기

분모가 같은 대분수의 덧셈은 자연수는 자연수끼리, 분수는 분수끼리 더해요.

이때 분수 부분의 계산 결과가 가분수이면 대분수로 바꾸어 자연수와 계산해요.

$$1\frac{2}{4} + 2\frac{3}{4} = 4\frac{1}{4}$$

자연수는 자연수끼리, 분수는 분수끼리 계산하기

$$1\frac{2}{4} + 2\frac{3}{4} = (1+2) + \left(\frac{2}{4} + \frac{3}{4}\right) = 3 + \frac{5}{4}$$
$$= 3 + 1\frac{1}{4} = 4\frac{1}{4}$$

✏️ 대분수를 가분수로 바꾸어 계산하기

대분수를 가분수로 바꾸어 분자끼리 더한 후 다시 대분수로 바꾸어 나타내요.

대분수를 가분수로 바꾸어 계산하기

$$1\frac{2}{4} + 2\frac{3}{4} = \frac{6}{4} + \frac{11}{4} = \frac{17}{4} = 4\frac{1}{4}$$

하나. 분모가 같은 대분수끼리의 덧셈을 공부합니다.

둘. 대분수끼리의 덧셈 결과를 자연수와 진분수로 이루어진 대분수로 알맞게 나타내었는지
확인하도록 지도합니다.

1 분모가 같은 (대분수) + (대분수)

정답: p.5

공부한 날
/

걸린 시간
분

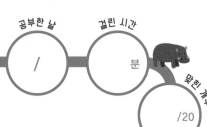

맞힌 개수
/20

🦛 분수의 덧셈을 하세요.

① $1\dfrac{2}{13} + 2\dfrac{6}{13} =$

② $1\dfrac{6}{20} + 5\dfrac{3}{20} =$

③ $1\dfrac{7}{25} + 3\dfrac{4}{25} =$

④ $1\dfrac{14}{32} + 3\dfrac{11}{32} =$

⑤ $2\dfrac{8}{34} + 5\dfrac{9}{34} =$

⑥ $2\dfrac{12}{46} + 3\dfrac{23}{46} =$

⑦ $2\dfrac{3}{54} + 3\dfrac{6}{54} =$

⑧ $3\dfrac{19}{50} + 6\dfrac{13}{50} =$

⑨ $4\dfrac{9}{15} + 3\dfrac{2}{15} =$

⑩ $5\dfrac{3}{9} + 2\dfrac{5}{9} =$

⑪ $1\dfrac{8}{14} + 1\dfrac{8}{14} =$

⑫ $1\dfrac{9}{18} + 2\dfrac{10}{18} =$

⑬ $1\dfrac{37}{52} + 2\dfrac{19}{52} =$

⑭ $2\dfrac{15}{19} + 3\dfrac{9}{19} =$

⑮ $2\dfrac{8}{21} + 1\dfrac{14}{21} =$

⑯ $2\dfrac{7}{23} + 3\dfrac{18}{23} =$

⑰ $3\dfrac{2}{5} + 2\dfrac{3}{5} =$

⑱ $3\dfrac{7}{10} + 4\dfrac{5}{10} =$

⑲ $3\dfrac{26}{35} + 4\dfrac{13}{35} =$

⑳ $5\dfrac{2}{6} + 3\dfrac{5}{6} =$

공부한 날   걸린 시간   분

정답: p.5

/20

🐻 분수의 덧셈을 하세요.

① $3\frac{15}{48} + 4\frac{23}{48} =$

② $1\frac{4}{8} + 1\frac{3}{8} =$

③ $5\frac{13}{33} + 3\frac{12}{33} =$

④ $1\frac{19}{43} + 2\frac{12}{43} =$

⑤ $4\frac{18}{39} + 1\frac{12}{39} =$

⑥ $1\frac{2}{6} + 1\frac{3}{6} =$

⑦ $1\frac{8}{15} + 1\frac{4}{15} =$

⑧ $6\frac{34}{56} + 2\frac{9}{56} =$

⑨ $5\frac{21}{45} + 4\frac{18}{45} =$

⑩ $3\frac{4}{11} + 1\frac{5}{11} =$

⑪ $4\frac{7}{10} + 2\frac{6}{10} =$

⑫ $1\frac{7}{12} + 1\frac{6}{12} =$

⑬ $3\frac{13}{20} + 1\frac{16}{20} =$

⑭ $2\frac{10}{32} + 4\frac{26}{32} =$

⑮ $6\frac{9}{14} + 2\frac{6}{14} =$

⑯ $2\frac{12}{28} + 4\frac{21}{28} =$

⑰ $4\frac{3}{7} + 2\frac{5}{7} =$

⑱ $1\frac{13}{36} + 2\frac{27}{36} =$

⑲ $5\frac{19}{21} + 1\frac{8}{21} =$

⑳ $2\frac{17}{24} + 3\frac{9}{24} =$

3 분모가 같은 (대분수) + (대분수)

공부한 날

걸린 시간

/

분

맞힌 개수

/20

정답: p.5

분수의 덧셈을 하세요.

① $1\dfrac{7}{24} + 5\dfrac{11}{24} =$

② $2\dfrac{3}{8} + 1\dfrac{2}{8} =$

③ $3\dfrac{2}{13} + 2\dfrac{7}{13} =$

④ $3\dfrac{16}{32} + 1\dfrac{14}{32} =$

⑤ $3\dfrac{25}{63} + 2\dfrac{9}{63} =$

⑥ $4\dfrac{1}{3} + 2\dfrac{1}{3} =$

⑦ $4\dfrac{9}{20} + 1\dfrac{8}{20} =$

⑧ $5\dfrac{17}{45} + 1\dfrac{16}{45} =$

⑨ $6\dfrac{5}{11} + 2\dfrac{4}{11} =$

⑩ $7\dfrac{34}{58} + 1\dfrac{3}{58} =$

⑪ $1\dfrac{5}{6} + 1\dfrac{5}{6} =$

⑫ $2\dfrac{4}{7} + 4\dfrac{5}{7} =$

⑬ $2\dfrac{9}{15} + 5\dfrac{14}{15} =$

⑭ $2\dfrac{15}{20} + 2\dfrac{8}{20} =$

⑮ $2\dfrac{16}{29} + 1\dfrac{20}{29} =$

⑯ $2\dfrac{19}{33} + 1\dfrac{14}{33} =$

⑰ $4\dfrac{13}{18} + 1\dfrac{7}{18} =$

⑱ $5\dfrac{18}{24} + 1\dfrac{7}{24} =$

⑲ $6\dfrac{8}{12} + 1\dfrac{6}{12} =$

⑳ $7\dfrac{17}{47} + 1\dfrac{36}{47} =$

4 분모가 같은 (대분수) + (대분수)

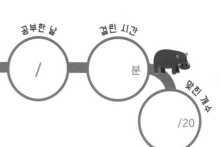

공부한 날
/

걸린 시간
분

맞힌 개수
/20

정답: p.5

분수의 덧셈을 하세요.

① $1\dfrac{22}{31} + 2\dfrac{4}{31} =$

② $3\dfrac{6}{24} + 2\dfrac{8}{24} =$

③ $2\dfrac{25}{48} + 1\dfrac{16}{48} =$

④ $2\dfrac{8}{20} + 6\dfrac{11}{20} =$

⑤ $1\dfrac{4}{7} + 3\dfrac{2}{7} =$

⑥ $7\dfrac{12}{23} + 1\dfrac{10}{23} =$

⑦ $1\dfrac{32}{46} + 2\dfrac{5}{46} =$

⑧ $1\dfrac{13}{42} + 3\dfrac{26}{42} =$

⑨ $5\dfrac{2}{9} + 1\dfrac{4}{9} =$

⑩ $1\dfrac{23}{54} + 3\dfrac{17}{54} =$

⑪ $2\dfrac{3}{11} + 3\dfrac{9}{11} =$

⑫ $3\dfrac{7}{18} + 2\dfrac{15}{18} =$

⑬ $3\dfrac{12}{27} + 5\dfrac{18}{27} =$

⑭ $2\dfrac{19}{28} + 5\dfrac{14}{28} =$

⑮ $5\dfrac{27}{45} + 3\dfrac{19}{45} =$

⑯ $3\dfrac{10}{12} + 1\dfrac{11}{12} =$

⑰ $5\dfrac{21}{26} + 2\dfrac{14}{26} =$

⑱ $5\dfrac{11}{17} + 5\dfrac{8}{17} =$

⑲ $4\dfrac{17}{33} + 2\dfrac{21}{33} =$

⑳ $1\dfrac{8}{15} + 1\dfrac{9}{15} =$

분수의 덧셈을 하세요.

① $1\dfrac{3}{16} + 8\dfrac{6}{16} =$

② $1\dfrac{17}{42} + 1\dfrac{23}{42} =$

③ $3\dfrac{22}{45} + 7\dfrac{13}{45} =$

④ $5\dfrac{21}{36} + 4\dfrac{12}{36} =$

⑤ $8\dfrac{17}{36} + 4\dfrac{16}{36} =$

⑥ $1\dfrac{26}{38} + 2\dfrac{21}{38} =$

⑦ $2\dfrac{5}{7} + 4\dfrac{6}{7} =$

⑧ $2\dfrac{15}{26} + 2\dfrac{11}{26} =$

⑨ $4\dfrac{5}{9} + 1\dfrac{8}{9} =$

⑩ $6\dfrac{24}{47} + 2\dfrac{36}{47} =$

⑪ $1\dfrac{3}{31} + 4\dfrac{7}{31} =$

⑫ $1\dfrac{7}{59} + 5\dfrac{46}{59} =$

⑬ $4\dfrac{31}{73} + 1\dfrac{34}{73} =$

⑭ $7\dfrac{9}{28} + 3\dfrac{15}{28} =$

⑮ $9\dfrac{42}{70} + 4\dfrac{15}{70} =$

⑯ $1\dfrac{52}{75} + 3\dfrac{44}{75} =$

⑰ $2\dfrac{11}{15} + 3\dfrac{10}{15} =$

⑱ $2\dfrac{38}{63} + 6\dfrac{29}{63} =$

⑲ $5\dfrac{12}{29} + 2\dfrac{28}{29} =$

⑳ $7\dfrac{32}{40} + 7\dfrac{23}{40} =$

6
분모가 같은 (대분수)+(대분수)

공부한 날

걸린 시간

정답: p.5

/

분

맞힌 개수

/20

분수의 덧셈을 하세요.

① $3\dfrac{10}{27} + 1\dfrac{13}{27} =$

② $1\dfrac{26}{35} + 1\dfrac{3}{35} =$

③ $2\dfrac{28}{45} + 4\dfrac{13}{45} =$

④ $1\dfrac{27}{52} + 5\dfrac{9}{52} =$

⑤ $4\dfrac{13}{24} + 2\dfrac{6}{24} =$

⑥ $1\dfrac{9}{22} + 5\dfrac{7}{22} =$

⑦ $1\dfrac{8}{37} + 1\dfrac{12}{37} =$

⑧ $7\dfrac{20}{56} + 2\dfrac{27}{56} =$

⑨ $1\dfrac{4}{65} + 4\dfrac{18}{65} =$

⑩ $3\dfrac{11}{16} + 1\dfrac{2}{16} =$

⑪ $1\dfrac{8}{13} + 1\dfrac{7}{13} =$

⑫ $3\dfrac{8}{14} + 2\dfrac{9}{14} =$

⑬ $5\dfrac{31}{40} + 1\dfrac{27}{40} =$

⑭ $2\dfrac{7}{28} + 6\dfrac{26}{28} =$

⑮ $3\dfrac{17}{30} + 2\dfrac{17}{30} =$

⑯ $1\dfrac{5}{8} + 1\dfrac{4}{8} =$

⑰ $2\dfrac{3}{5} + 2\dfrac{3}{5} =$

⑱ $1\dfrac{39}{48} + 3\dfrac{27}{48} =$

⑲ $4\dfrac{5}{6} + 2\dfrac{4}{6} =$

⑳ $2\dfrac{6}{12} + 2\dfrac{7}{12} =$

7 분모가 같은 (대분수) + (대분수)

공부한 날

/

걸린 시간

분

맞힌 개수

/20

정답: p.5

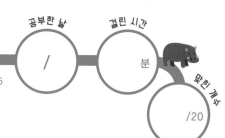

분수의 덧셈을 하세요.

① $1\dfrac{22}{43} + 3\dfrac{16}{43} =$

② $3\dfrac{9}{20} + 3\dfrac{6}{20} =$

③ $4\dfrac{37}{76} + 3\dfrac{24}{76} =$

④ $6\dfrac{23}{56} + 5\dfrac{29}{56} =$

⑤ $8\dfrac{7}{12} + 3\dfrac{3}{12} =$

⑥ $1\dfrac{7}{10} + 2\dfrac{7}{10} =$

⑦ $2\dfrac{39}{72} + 7\dfrac{37}{72} =$

⑧ $3\dfrac{18}{52} + 4\dfrac{37}{52} =$

⑨ $4\dfrac{34}{60} + 3\dfrac{28}{60} =$

⑩ $7\dfrac{21}{24} + 2\dfrac{13}{24} =$

⑪ $2\dfrac{16}{63} + 1\dfrac{34}{63} =$

⑫ $3\dfrac{16}{35} + 5\dfrac{13}{35} =$

⑬ $6\dfrac{10}{25} + 6\dfrac{9}{25} =$

⑭ $7\dfrac{12}{54} + 3\dfrac{13}{54} =$

⑮ $8\dfrac{35}{67} + 2\dfrac{19}{67} =$

⑯ $1\dfrac{11}{14} + 6\dfrac{8}{14} =$

⑰ $3\dfrac{18}{37} + 4\dfrac{26}{37} =$

⑱ $4\dfrac{7}{8} + 5\dfrac{3}{8} =$

⑲ $5\dfrac{7}{18} + 9\dfrac{11}{18} =$

⑳ $8\dfrac{23}{40} + 3\dfrac{25}{40} =$

분모가 같은 (대분수)+(대분수)

정답: p.5

공부한 날 / 걸린 시간 분 /20

분수의 덧셈을 하세요.

① $2\dfrac{16}{51} + 5\dfrac{25}{51} =$

② $4\dfrac{23}{35} + 1\dfrac{9}{35} =$

③ $1\dfrac{17}{22} + 4\dfrac{3}{22} =$

④ $7\dfrac{15}{32} + 2\dfrac{11}{32} =$

⑤ $8\dfrac{4}{18} + 2\dfrac{13}{18} =$

⑥ $3\dfrac{11}{60} + 4\dfrac{28}{60} =$

⑦ $3\dfrac{11}{29} + 1\dfrac{14}{29} =$

⑧ $5\dfrac{9}{25} + 1\dfrac{12}{25} =$

⑨ $3\dfrac{6}{15} + 2\dfrac{7}{15} =$

⑩ $4\dfrac{40}{57} + 2\dfrac{16}{57} =$

⑪ $5\dfrac{7}{12} + 2\dfrac{7}{12} =$

⑫ $1\dfrac{25}{56} + 1\dfrac{34}{56} =$

⑬ $2\dfrac{34}{43} + 4\dfrac{12}{43} =$

⑭ $4\dfrac{8}{10} + 2\dfrac{7}{10} =$

⑮ $1\dfrac{6}{13} + 5\dfrac{9}{13} =$

⑯ $6\dfrac{28}{54} + 7\dfrac{31}{54} =$

⑰ $2\dfrac{3}{5} + 4\dfrac{4}{5} =$

⑱ $2\dfrac{19}{27} + 3\dfrac{16}{27} =$

⑲ $1\dfrac{22}{45} + 6\dfrac{31}{45} =$

⑳ $6\dfrac{4}{6} + 2\dfrac{3}{6} =$

4 분모가 같은 (대분수)−(대분수)

받아내림이 없는 대분수의 뺄셈

분모가 같은 대분수의 뺄셈은 자연수는 자연수끼리, 분수는 분수끼리 빼요.

> **받아내림이 없는 대분수의 뺄셈**
>
> $$3\frac{5}{6} - 1\frac{2}{6} = (3-1) + \left(\frac{5}{6} - \frac{2}{6}\right) = 2 + \frac{3}{6} = 2\frac{3}{6}$$

받아내림이 있는 대분수의 뺄셈

분수 부분끼리 뺄 수 없을 때에는 빼지는 분수의 자연수에서 1만큼을 가분수로 바꾸어 계산해요.

> **받아내림이 있는 대분수의 뺄셈**
>
> $$3\frac{2}{4} - 1\frac{3}{4} = 2\frac{6}{4} - 1\frac{3}{4} = (2-1) + \left(\frac{6}{4} - \frac{3}{4}\right)$$
> $$= 1 + \frac{3}{4} = 1\frac{3}{4}$$

자연수와 대분수의 뺄셈

자연수에서 1만큼을 대분수의 분모와 같은 가분수로 바꾸어 계산해요.

> **자연수와 대분수의 뺄셈**
>
> $$6 - 4\frac{3}{7} = 5\frac{7}{7} - 4\frac{3}{7} = (5-4) + \left(\frac{7}{7} - \frac{3}{7}\right)$$
> $$= 1 + \frac{4}{7} = 1\frac{4}{7}$$

> **학습 포인트**
>
> **하나.** 분모가 같은 대분수끼리의 뺄셈과 자연수와 대분수의 뺄셈을 공부합니다.
>
> **둘.** 분모가 같은 대분수끼리의 뺄셈에서 자연수와 대분수를 가분수로 바꾸어 계산할 수도 있습니다.
>
> (예) $3\frac{2}{4} - 1\frac{3}{4} = \frac{14}{4} - \frac{7}{4} = \frac{7}{4} = 1\frac{3}{4}$

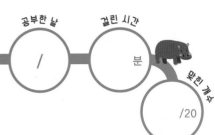

분수의 뺄셈을 하세요.

① $2\dfrac{5}{6} - 1\dfrac{3}{6} =$

② $2\dfrac{13}{15} - 2\dfrac{4}{15} =$

③ $3\dfrac{8}{23} - 1\dfrac{5}{23} =$

④ $3\dfrac{21}{30} - 2\dfrac{11}{30} =$

⑤ $4\dfrac{7}{9} - 2\dfrac{1}{9} =$

⑥ $5\dfrac{16}{45} - 3\dfrac{7}{45} =$

⑦ $2\dfrac{5}{13} - 2 =$

⑧ $3\dfrac{7}{19} - 2 =$

⑨ $5\dfrac{11}{24} - 3 =$

⑩ $6\dfrac{9}{36} - 4 =$

⑪ $2\dfrac{4}{12} - 1\dfrac{7}{12} =$

⑫ $3\dfrac{1}{18} - 1\dfrac{3}{18} =$

⑬ $3\dfrac{6}{27} - 2\dfrac{8}{27} =$

⑭ $4\dfrac{3}{8} - 2\dfrac{5}{8} =$

⑮ $4\dfrac{5}{34} - 2\dfrac{9}{34} =$

⑯ $6\dfrac{2}{50} - 3\dfrac{6}{50} =$

⑰ $2 - 1\dfrac{2}{3} =$

⑱ $4 - 2\dfrac{13}{17} =$

⑲ $4 - 2\dfrac{8}{29} =$

⑳ $5 - 3\dfrac{4}{11} =$

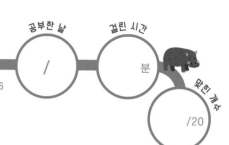

분수의 뺄셈을 하세요.

① $4\dfrac{3}{5} - 3\dfrac{1}{5} =$

⑪ $2\dfrac{1}{13} - 1\dfrac{4}{13} =$

② $2\dfrac{5}{11} - 1\dfrac{3}{11} =$

⑫ $5\dfrac{9}{24} - 3\dfrac{15}{24} =$

③ $5\dfrac{21}{30} - 2\dfrac{13}{30} =$

⑬ $3\dfrac{2}{9} - 1\dfrac{6}{9} =$

④ $2\dfrac{17}{26} - 1\dfrac{15}{26} =$

⑭ $5\dfrac{23}{42} - 2\dfrac{24}{42} =$

⑤ $5\dfrac{29}{35} - 3\dfrac{12}{35} =$

⑮ $4\dfrac{5}{17} - 2\dfrac{7}{17} =$

⑥ $6\dfrac{8}{22} - 1\dfrac{4}{22} =$

⑯ $2\dfrac{16}{38} - 1\dfrac{20}{38} =$

⑦ $2\dfrac{10}{19} - 1 =$

⑰ $4 - 2\dfrac{15}{17} =$

⑧ $3\dfrac{16}{42} - 2 =$

⑱ $4 - 2\dfrac{3}{40} =$

⑨ $6\dfrac{2}{13} - 4 =$

⑲ $3 - 1\dfrac{1}{12} =$

⑩ $5\dfrac{20}{37} - 3 =$

⑳ $5 - 3\dfrac{7}{26} =$

3 분모가 같은 (대분수) - (대분수)

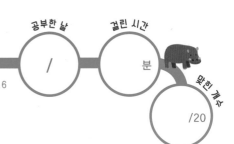

정답: p.6

분수의 뺄셈을 하세요.

① $3\dfrac{7}{10} - 1\dfrac{4}{10} =$

② $3\dfrac{11}{17} - 2\dfrac{6}{17} =$

③ $4\dfrac{26}{32} - 3\dfrac{5}{32} =$

④ $4\dfrac{15}{36} - 1\dfrac{7}{36} =$

⑤ $5\dfrac{33}{48} - 2\dfrac{19}{48} =$

⑥ $5\dfrac{42}{51} - 3\dfrac{28}{51} =$

⑦ $2\dfrac{10}{53} - 2 =$

⑧ $3\dfrac{8}{46} - 1 =$

⑨ $3\dfrac{15}{22} - 2 =$

⑩ $5\dfrac{9}{20} - 3 =$

⑪ $3\dfrac{2}{15} - 1\dfrac{8}{15} =$

⑫ $3\dfrac{6}{28} - 2\dfrac{10}{28} =$

⑬ $4\dfrac{3}{34} - 2\dfrac{7}{34} =$

⑭ $4\dfrac{10}{42} - 2\dfrac{11}{42} =$

⑮ $5\dfrac{1}{7} - 2\dfrac{5}{7} =$

⑯ $6\dfrac{24}{45} - 3\dfrac{26}{45} =$

⑰ $3 - 1\dfrac{2}{7} =$

⑱ $4 - 2\dfrac{1}{13} =$

⑲ $4 - 2\dfrac{5}{18} =$

⑳ $6 - 3\dfrac{8}{29} =$

4 분모가 같은 (대분수) − (대분수)

공부한 날
/
걸린 시간
분
맞힌 개수
/20

정답: p.6

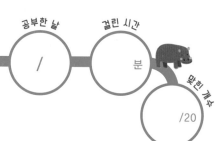

🦛 분수의 뺄셈을 하세요.

① $4\dfrac{17}{19} - 2\dfrac{12}{19} =$

② $3\dfrac{7}{8} - 1\dfrac{4}{8} =$

③ $2\dfrac{11}{15} - 1\dfrac{7}{15} =$

④ $5\dfrac{23}{32} - 3\dfrac{14}{32} =$

⑤ $2\dfrac{10}{21} - 2\dfrac{8}{21} =$

⑥ $4\dfrac{7}{12} - 3\dfrac{2}{12} =$

⑦ $4\dfrac{8}{27} - 2 =$

⑧ $6\dfrac{11}{14} - 3 =$

⑨ $3\dfrac{5}{6} - 2 =$

⑩ $7\dfrac{39}{53} - 5 =$

⑪ $4\dfrac{3}{34} - 2\dfrac{17}{34} =$

⑫ $5\dfrac{15}{28} - 2\dfrac{20}{28} =$

⑬ $6\dfrac{6}{22} - 4\dfrac{8}{22} =$

⑭ $3\dfrac{18}{25} - 1\dfrac{19}{25} =$

⑮ $2\dfrac{5}{41} - 1\dfrac{9}{41} =$

⑯ $6\dfrac{8}{20} - 2\dfrac{12}{20} =$

⑰ $6 - 3\dfrac{13}{18} =$

⑱ $3 - 1\dfrac{2}{7} =$

⑲ $5 - 2\dfrac{28}{36} =$

⑳ $4 - 1\dfrac{1}{13} =$

5

분모가 같은 (대분수) - (대분수)

공부한 날

/

걸린 시간

분

맞힌 개수

/20

정답: p.6

 분수의 뺄셈을 하세요.

① $3\dfrac{6}{7} - 1\dfrac{1}{7} =$

② $4\dfrac{15}{19} - 2\dfrac{7}{19} =$

③ $5\dfrac{28}{37} - 4\dfrac{9}{37} =$

④ $3\dfrac{2}{9} - 2\dfrac{4}{9} =$

⑤ $4\dfrac{1}{21} - 3\dfrac{5}{21} =$

⑥ $5\dfrac{14}{48} - 3\dfrac{27}{48} =$

⑦ $3\dfrac{34}{56} - 2 =$

⑧ $6\dfrac{2}{33} - 4 =$

⑨ $4 - 2\dfrac{8}{10} =$

⑩ $5 - 3\dfrac{29}{52} =$

⑪ $3\dfrac{4}{13} - 2\dfrac{3}{13} =$

⑫ $5\dfrac{22}{25} - 3\dfrac{8}{25} =$

⑬ $6\dfrac{31}{42} - 2\dfrac{12}{42} =$

⑭ $4\dfrac{7}{14} - 2\dfrac{10}{14} =$

⑮ $5\dfrac{6}{32} - 1\dfrac{12}{32} =$

⑯ $6\dfrac{23}{54} - 4\dfrac{36}{54} =$

⑰ $4\dfrac{13}{29} - 1 =$

⑱ $7\dfrac{16}{18} - 3 =$

⑲ $5 - 1\dfrac{1}{14} =$

⑳ $6 - 4\dfrac{7}{23} =$

6

분모가 같은 (대분수)−(대분수)

공부한 날

/

걸린 시간

분

정답: p.6

맞힌 개수

/20

분수의 뺄셈을 하세요.

① $6\dfrac{8}{15} - 2\dfrac{3}{15} =$

② $5\dfrac{16}{34} - 3\dfrac{11}{34} =$

③ $4\dfrac{23}{42} - 2\dfrac{8}{42} =$

④ $3\dfrac{12}{23} - 2\dfrac{4}{23} =$

⑤ $5\dfrac{5}{8} - 1\dfrac{2}{8} =$

⑥ $4\dfrac{19}{27} - 3\dfrac{6}{27} =$

⑦ $3\dfrac{2}{47} - 1 =$

⑧ $6\dfrac{15}{19} - 3 =$

⑨ $5\dfrac{3}{7} - 4 =$

⑩ $4\dfrac{17}{22} - 2 =$

⑪ $4\dfrac{4}{9} - 2\dfrac{5}{9} =$

⑫ $5\dfrac{31}{45} - 2\dfrac{42}{45} =$

⑬ $4\dfrac{7}{18} - 1\dfrac{9}{18} =$

⑭ $3\dfrac{12}{28} - 2\dfrac{23}{28} =$

⑮ $5\dfrac{20}{37} - 4\dfrac{25}{37} =$

⑯ $6\dfrac{9}{31} - 3\dfrac{16}{31} =$

⑰ $6 - 2\dfrac{8}{25} =$

⑱ $6 - 3\dfrac{1}{6} =$

⑲ $7 - 4\dfrac{13}{20} =$

⑳ $5 - 1\dfrac{28}{45} =$

7 분모가 같은 (대분수) - (대분수)

정답: p.6

공부한 날

/

걸린 시간

분

맞힌 개수

/20

 분수의 뺄셈을 하세요.

① $4\dfrac{6}{8} - 2\dfrac{3}{8} =$

② $5\dfrac{29}{44} - 3\dfrac{17}{44} =$

③ $6\dfrac{21}{36} - 2\dfrac{5}{36} =$

④ $4\dfrac{1}{13} - 1\dfrac{4}{13} =$

⑤ $5\dfrac{3}{40} - 3\dfrac{8}{40} =$

⑥ $7\dfrac{16}{53} - 2\dfrac{34}{53} =$

⑦ $4\dfrac{3}{4} - 2 =$

⑧ $7\dfrac{11}{25} - 7 =$

⑨ $4 - 1\dfrac{7}{16} =$

⑩ $6 - 3\dfrac{28}{30} =$

⑪ $4\dfrac{13}{17} - 2\dfrac{8}{17} =$

⑫ $5\dfrac{45}{62} - 4\dfrac{30}{62} =$

⑬ $7\dfrac{32}{75} - 5\dfrac{26}{75} =$

⑭ $5\dfrac{12}{28} - 2\dfrac{19}{28} =$

⑮ $6\dfrac{1}{5} - 3\dfrac{4}{5} =$

⑯ $7\dfrac{19}{61} - 4\dfrac{21}{61} =$

⑰ $6\dfrac{9}{15} - 4 =$

⑱ $7\dfrac{24}{39} - 4 =$

⑲ $5 - 2\dfrac{15}{43} =$

⑳ $8 - 4\dfrac{4}{57} =$

8   분모가 같은 (대분수) - (대분수)

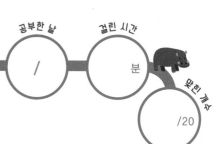

공부한 날

걸린 시간

분

맞힌 개수

/20

정답: p.6

🍄 분수의 뺄셈을 하세요.

① $7\dfrac{12}{37} - 2\dfrac{6}{37} =$

② $6\dfrac{7}{12} - 2\dfrac{3}{12} =$

③ $4\dfrac{38}{61} - 2\dfrac{14}{61} =$

④ $5\dfrac{26}{47} - 2\dfrac{17}{47} =$

⑤ $3\dfrac{8}{9} - 2\dfrac{1}{9} =$

⑥ $4\dfrac{19}{55} - 2\dfrac{4}{55} =$

⑦ $4\dfrac{7}{13} - 2 =$

⑧ $8\dfrac{38}{45} - 4 =$

⑨ $5\dfrac{11}{18} - 2 =$

⑩ $5\dfrac{2}{3} - 3 =$

⑪ $8\dfrac{4}{15} - 3\dfrac{7}{15} =$

⑫ $5\dfrac{14}{26} - 2\dfrac{19}{26} =$

⑬ $7\dfrac{21}{59} - 4\dfrac{36}{59} =$

⑭ $6\dfrac{5}{40} - 5\dfrac{13}{40} =$

⑮ $7\dfrac{8}{34} - 2\dfrac{26}{34} =$

⑯ $5\dfrac{3}{8} - 3\dfrac{7}{8} =$

⑰ $7 - 6\dfrac{5}{10} =$

⑱ $6 - 2\dfrac{14}{23} =$

⑲ $5 - 2\dfrac{7}{21} =$

⑳ $9 - 4\dfrac{6}{52} =$

실력 체크

중간 점검

1-A 분모가 같은 (진분수)±(진분수)

공부한 날	월	일
걸린 시간	분	초
맞힌 개수		/20

정답: p.7

🍪 계산을 하세요.

① $\dfrac{3}{6} + \dfrac{2}{6} =$

② $\dfrac{7}{16} + \dfrac{4}{16} =$

③ $\dfrac{34}{76} + \dfrac{25}{76} =$

④ $\dfrac{28}{53} + \dfrac{14}{53} =$

⑤ $\dfrac{32}{68} + \dfrac{15}{68} =$

⑥ $\dfrac{18}{37} + \dfrac{10}{37} =$

⑦ $\dfrac{41}{73} + \dfrac{26}{73} =$

⑧ $\dfrac{12}{21} + \dfrac{7}{21} =$

⑨ $\dfrac{2}{39} + \dfrac{3}{39} =$

⑩ $\dfrac{27}{63} + \dfrac{28}{63} =$

⑪ $\dfrac{28}{45} - \dfrac{19}{45} =$

⑫ $\dfrac{7}{8} - \dfrac{6}{8} =$

⑬ $\dfrac{11}{31} - \dfrac{7}{31} =$

⑭ $\dfrac{41}{72} - \dfrac{23}{72} =$

⑮ $\dfrac{35}{63} - \dfrac{16}{63} =$

⑯ $\dfrac{27}{32} - \dfrac{9}{32} =$

⑰ $\dfrac{15}{26} - \dfrac{15}{26} =$

⑱ $\dfrac{36}{43} - \dfrac{29}{43} =$

⑲ $\dfrac{10}{16} - \dfrac{2}{16} =$

⑳ $\dfrac{43}{50} - \dfrac{17}{50} =$

1-B 분모가 같은 (진분수)±(진분수)

공부한 날	월	일
걸린 시간	분	초
맞힌 개수		/16

정답: p.7

🦛 계산을 하세요.

① $\dfrac{7}{24} + \dfrac{13}{24} =$

② $\dfrac{5}{35} + \dfrac{4}{35} =$

③ $\dfrac{11}{17} + \dfrac{2}{17} =$

④ $\dfrac{16}{43} + \dfrac{17}{43} =$

⑤ $\dfrac{25}{56} + \dfrac{7}{56} =$

⑥ $\dfrac{33}{60} + \dfrac{24}{60} =$

⑦ $\dfrac{42}{74} + \dfrac{29}{74} =$

⑧ $\dfrac{4}{10} + \dfrac{3}{10} =$

⑨ $\dfrac{10}{11} - \dfrac{1}{11} =$

⑩ $\dfrac{21}{23} - \dfrac{14}{23} =$

⑪ $\dfrac{16}{18} - \dfrac{3}{18} =$

⑫ $\dfrac{17}{76} - \dfrac{8}{76} =$

⑬ $\dfrac{9}{35} - \dfrac{2}{35} =$

⑭ $\dfrac{38}{49} - \dfrac{17}{49} =$

⑮ $\dfrac{42}{56} - \dfrac{24}{56} =$

⑯ $\dfrac{14}{20} - \dfrac{10}{20} =$

실력 체크

2-A 합이 가분수가 되는 (진분수)+(진분수) /
(자연수) − (진분수)

공부한 날	월	일
걸린 시간	분	초
맞힌 개수		/20

정답: p.7

🍪 계산을 하세요.

① $\dfrac{16}{18} + \dfrac{10}{18} =$

② $\dfrac{28}{34} + \dfrac{15}{34} =$

③ $\dfrac{11}{12} + \dfrac{7}{12} =$

④ $\dfrac{5}{7} + \dfrac{6}{7} =$

⑤ $\dfrac{8}{9} + \dfrac{5}{9} =$

⑥ $\dfrac{20}{26} + \dfrac{17}{26} =$

⑦ $\dfrac{25}{30} + \dfrac{19}{30} =$

⑧ $\dfrac{21}{34} + \dfrac{21}{34} =$

⑨ $\dfrac{23}{30} + \dfrac{8}{30} =$

⑩ $\dfrac{12}{15} + \dfrac{11}{15} =$

⑪ $3 - \dfrac{9}{35} =$

⑫ $4 - \dfrac{2}{29} =$

⑬ $2 - \dfrac{5}{16} =$

⑭ $1 - \dfrac{11}{54} =$

⑮ $6 - \dfrac{4}{13} =$

⑯ $1 - \dfrac{3}{5} =$

⑰ $7 - \dfrac{1}{10} =$

⑱ $1 - \dfrac{8}{21} =$

⑲ $4 - \dfrac{3}{25} =$

⑳ $4 - \dfrac{5}{32} =$

실력 체크

2-B

합이 가분수가 되는 (진분수)+(진분수)/
(자연수)−(진분수)

공부한 날	월	일
걸린 시간	분	초
맞힌 개수		/16

정답: p.7

 계산을 하세요.

① $\dfrac{5}{8} + \dfrac{5}{8} =$

② $\dfrac{6}{7} + \dfrac{5}{7} =$

③ $\dfrac{12}{13} + \dfrac{7}{13} =$

④ $\dfrac{18}{20} + \dfrac{19}{20} =$

⑤ $\dfrac{25}{32} + \dfrac{17}{32} =$

⑥ $\dfrac{7}{26} + \dfrac{25}{26} =$

⑦ $\dfrac{37}{44} + \dfrac{7}{44} =$

⑧ $\dfrac{42}{50} + \dfrac{21}{50} =$

⑨ $3 - \dfrac{8}{9} =$

⑩ $2 - \dfrac{5}{26} =$

⑪ $1 - \dfrac{3}{12} =$

⑫ $3 - \dfrac{9}{48} =$

⑬ $11 - \dfrac{24}{50} =$

⑭ $3 - \dfrac{2}{37} =$

⑮ $9 - \dfrac{16}{47} =$

⑯ $8 - \dfrac{1}{19} =$

실력 체크

3-A 분모가 같은 (대분수) + (대분수)

공부한 날	월	일
걸린 시간	분	초
맞힌 개수		/20

정답: p.7

🐽 분수의 덧셈을 하세요.

① $5\dfrac{7}{13} + 2\dfrac{5}{13} =$

② $6\dfrac{29}{48} + 7\dfrac{16}{48} =$

③ $9\dfrac{15}{56} + 2\dfrac{32}{56} =$

④ $7\dfrac{26}{33} + 5\dfrac{2}{33} =$

⑤ $8\dfrac{4}{24} + 1\dfrac{19}{24} =$

⑥ $2\dfrac{6}{10} + 3\dfrac{3}{10} =$

⑦ $7\dfrac{12}{39} + 6\dfrac{15}{39} =$

⑧ $3\dfrac{18}{52} + 4\dfrac{23}{52} =$

⑨ $1\dfrac{9}{63} + 2\dfrac{32}{63} =$

⑩ $2\dfrac{24}{75} + 5\dfrac{37}{75} =$

⑪ $6\dfrac{19}{26} + 4\dfrac{15}{26} =$

⑫ $3\dfrac{8}{9} + 7\dfrac{7}{9} =$

⑬ $3\dfrac{15}{46} + 1\dfrac{41}{46} =$

⑭ $2\dfrac{4}{8} + 6\dfrac{5}{8} =$

⑮ $4\dfrac{27}{32} + 3\dfrac{29}{32} =$

⑯ $9\dfrac{9}{16} + 5\dfrac{7}{16} =$

⑰ $6\dfrac{5}{6} + 4\dfrac{4}{6} =$

⑱ $1\dfrac{43}{72} + 1\dfrac{38}{72} =$

⑲ $2\dfrac{25}{52} + 1\dfrac{45}{52} =$

⑳ $5\dfrac{22}{40} + 2\dfrac{27}{40} =$

정답: p.7

😊 분수의 덧셈을 하세요.

① $1\dfrac{13}{25} + 6\dfrac{3}{25} =$

② $2\dfrac{24}{39} + 5\dfrac{8}{39} =$

③ $3\dfrac{4}{41} + 3\dfrac{16}{41} =$

④ $8\dfrac{7}{16} + 1\dfrac{5}{16} =$

⑤ $7\dfrac{16}{45} + 8\dfrac{28}{45} =$

⑥ $6\dfrac{11}{34} + 4\dfrac{17}{34} =$

⑦ $1\dfrac{24}{38} + 4\dfrac{7}{38} =$

⑧ $6\dfrac{9}{22} + 1\dfrac{12}{22} =$

⑨ $4\dfrac{8}{43} + 8\dfrac{37}{43} =$

⑩ $6\dfrac{13}{16} + 4\dfrac{9}{16} =$

⑪ $7\dfrac{10}{18} + 3\dfrac{13}{18} =$

⑫ $2\dfrac{52}{81} + 9\dfrac{31}{81} =$

⑬ $1\dfrac{9}{15} + 7\dfrac{14}{15} =$

⑭ $2\dfrac{7}{8} + 3\dfrac{5}{8} =$

⑮ $4\dfrac{29}{36} + 7\dfrac{10}{36} =$

⑯ $1\dfrac{6}{10} + 2\dfrac{7}{10} =$

실력 체크

4-A 분모가 같은 (대분수) − (대분수)

공부한 날	월	일
걸린 시간	분	초
맞힌 개수		/20

정답: p.7

분수의 뺄셈을 하세요.

① $2\dfrac{9}{12} - 1\dfrac{2}{12} =$

② $6\dfrac{37}{52} - 3\dfrac{9}{52} =$

③ $4\dfrac{6}{9} - 1\dfrac{4}{9} =$

④ $3\dfrac{12}{23} - 1\dfrac{10}{23} =$

⑤ $4\dfrac{23}{45} - 2\dfrac{18}{45} =$

⑥ $6\dfrac{14}{37} - 2\dfrac{7}{37} =$

⑦ $2\dfrac{4}{15} - 2 =$

⑧ $6\dfrac{2}{8} - 4 =$

⑨ $4\dfrac{17}{44} - 3 =$

⑩ $7\dfrac{15}{16} - 3 =$

⑪ $3\dfrac{11}{26} - 1\dfrac{17}{26} =$

⑫ $5\dfrac{2}{7} - 3\dfrac{6}{7} =$

⑬ $3\dfrac{26}{39} - 1\dfrac{34}{39} =$

⑭ $5\dfrac{8}{15} - 2\dfrac{10}{15} =$

⑮ $7\dfrac{16}{30} - 4\dfrac{29}{30} =$

⑯ $4\dfrac{3}{64} - 2\dfrac{14}{64} =$

⑰ $2 - 1\dfrac{1}{5} =$

⑱ $5 - 2\dfrac{3}{53} =$

⑲ $4 - 2\dfrac{7}{24} =$

⑳ $6 - 3\dfrac{16}{31} =$

실력 체크

4-B 분모가 같은 (대분수) − (대분수)

공부한 날 　 월 　 일

걸린 시간 　 분 　 초

맞힌 개수 　 /16

정답: p.7

분수의 뺄셈을 하세요.

① $6\dfrac{34}{47} - 3\dfrac{29}{47} =$

② $5\dfrac{17}{23} - 2\dfrac{9}{23} =$

③ $3\dfrac{8}{17} - 1\dfrac{5}{17} =$

④ $7\dfrac{21}{25} - 4\dfrac{16}{25} =$

⑤ $2\dfrac{5}{9} - 1\dfrac{2}{9} =$

⑥ $4\dfrac{14}{15} - 2\dfrac{13}{15} =$

⑦ $3\dfrac{5}{12} - 2 =$

⑧ $6\dfrac{40}{57} - 4 =$

⑨ $4\dfrac{32}{46} - 2\dfrac{43}{46} =$

⑩ $4\dfrac{2}{34} - 2\dfrac{16}{34} =$

⑪ $8\dfrac{6}{50} - 4\dfrac{27}{50} =$

⑫ $5\dfrac{11}{31} - 1\dfrac{24}{31} =$

⑬ $6\dfrac{1}{8} - 2\dfrac{7}{8} =$

⑭ $3\dfrac{20}{29} - 2\dfrac{23}{29} =$

⑮ $7 - 3\dfrac{14}{27} =$

⑯ $2 - 1\dfrac{3}{22} =$

자릿수가 같은 (소수)+(소수)

✏️ 소수 한 자리 수 또는 두 자리 수의 덧셈

소수의 덧셈을 할 때에는 같은 자리 수끼리 더해야 해요.

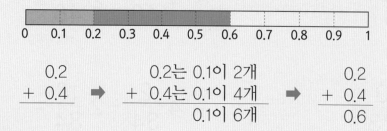

| 0 | 0.1 | 0.2 | 0.3 | 0.4 | 0.5 | 0.6 | 0.7 | 0.8 | 0.9 | 1 |

$$0.2 + 0.4 \Rightarrow \begin{array}{l} 0.2\text{는 } 0.1\text{이 } 2\text{개} \\ + 0.4\text{는 } 0.1\text{이 } 4\text{개} \\ \hline 0.1\text{이 } 6\text{개} \end{array} \Rightarrow 0.2 + 0.4 = 0.6$$

세로로 계산

$$\begin{array}{r} \overset{1}{}0.7 \\ +\ 0.6 \\ \hline 1.3 \end{array} \qquad \begin{array}{r} \overset{1}{}2.65 \\ +\ 3.25 \\ \hline 5.90 \end{array}$$

가로로 계산

$$7.2 + 8.9 = 16.1$$

$$\begin{array}{r} \overset{1}{}7.2 \\ +\ 8.9 \\ \hline 16.1 \end{array}$$

$$0.48 + 0.93 = 1.41$$

$$\begin{array}{r} \overset{1}{}\overset{1}{0}.48 \\ +\ 0.93 \\ \hline 1.41 \end{array}$$

학습 포인트

하나. 자릿수가 같은 소수의 덧셈을 공부합니다.

둘. 소수의 덧셈을 세로형식으로 계산할 때에는 소수점의 자리를 맞추어야 한다는 것을 알게 합니다.

셋. 0.2, 0.20, 0.200, ……은 모두 크기가 같은 소수이므로 오른쪽에 나열되는 0을 생략하여 간단히 0.2라고 쓴다는 것을 알게 합니다.

넷. 2.0은 자연수 2로 정답을 쓴다는 것을 알게 합니다.

자릿수가 같은 (소수)+(소수)

공부한 날
/

걸린 시간
분

정답: p.8

맞힌 개수
/18

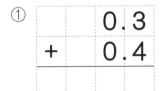 소수의 덧셈을 하세요.

①
```
    0.3
+   0.4
```

②
```
    0.5
+   0.7
```

③
```
    0.7
+   0.9
```

④
```
    0.8
+   2.6
```

⑤
```
    3.2
+   4.5
```

⑥
```
    5.6
+   6.4
```

⑦
```
    7.5
+ 1 8.4
```

⑧
```
  1 3.7
+   6.8
```

⑨
```
  1 9.4
+   5.6
```

⑩
```
  2 4.9
+ 3 3.7
```

⑪
```
  2 6.8
+ 4 9.8
```

⑫
```
  3 2.5
+ 5 4.3
```

⑬
```
   0.1 7
+  0.6 5
```

⑭
```
   0.5 8
+  0.9 2
```

⑮
```
   0.7 6
+  0.3 2
```

⑯
```
   2.6 1
+  0.1 7
```

⑰
```
   5.4 6
+  2.8 2
```

⑱
```
   7.8 4
+  1.2 3
```

2 자릿수가 같은 (소수) + (소수)

공부한 날
/

걸린 시간
분

맞힌 개수
/15

정답: p.8

소수의 덧셈을 하세요.

① 0.2 + 0.7

⑥ 4.7 + 13.6

⑪ 0.6 + 0.4

② 6.03 + 0.15

⑦ 7.29 + 3.61

⑫ 0.56 + 0.38

③ 3.54 + 7.52

⑧ 24.1 + 16.4

⑬ 3.8 + 0.1

④ 0.32 + 0.14

⑨ 45.9 + 11.2

⑭ 8.2 + 1.9

⑤ 4.5 + 3.6

⑩ 32.4 + 20.8

⑮ 42.5 + 9.2

소수의 덧셈을 하세요.

①
```
    0 . 2
  + 0 . 6
```

②
```
    0 . 5
  + 0 . 8
```

③
```
    0 . 7
  + 0 . 3
```

④
```
    0 . 9
  + 4 . 2
```

⑤
```
    5 . 6
  + 7 . 1
```

⑥
```
    6 . 4
  + 4 . 8
```

⑦
```
      9 . 3
  + 1 0 . 5
```

⑧
```
      9 . 7
  + 2 1 . 4
```

⑨
```
    1 3 . 6
  +     4 . 2
```

⑩
```
    2 5 . 1
  + 5 6 . 9
```

⑪
```
    3 2 . 3
  + 4 6 . 8
```

⑫
```
    4 8 . 5
  + 1 7 . 9
```

⑬
```
    0 . 2 9
  + 0 . 1 6
```

⑭
```
    0 . 3 5
  + 0 . 7 4
```

⑮
```
    0 . 6 8
  + 0 . 2 2
```

⑯
```
    4 . 1 2
  + 2 . 6 4
```

⑰
```
    6 . 4 6
  + 1 . 8 1
```

⑱
```
    9 . 0 7
  + 4 . 1 8
```

4 자릿수가 같은 (소수)+(소수)

공부한 날 /
걸린 시간 분
맞힌 개수 /15

정답: p.8

소수의 덧셈을 하세요.

① 36.7 + 1.2

⑥ 3.2 + 10.9

⑪ 0.8 + 0.6

② 8.23 + 2.64

⑦ 29.8 + 30.7

⑫ 0.74 + 0.18

③ 0.9 + 0.3

⑧ 5.72 + 9.08

⑬ 5.4 + 8.9

④ 6.2 + 7.1

⑨ 0.61 + 0.25

⑭ 17.6 + 19.4

⑤ 6.34 + 0.57

⑩ 63.5 + 14.9

⑮ 4.5 + 0.7

5 자릿수가 같은 (소수)+(소수)

공부한 날

걸린 시간

분

맞힌 개수

/18

정답: p.8

 소수의 덧셈을 하세요.

①
```
    0 . 4
+   0 . 4
```

②
```
    0 . 8
+   6 . 5
```

③
```
    8 . 3
+ 2 4 . 9
```

④
```
  2 6 . 7
+ 4 9 . 8
```

⑤
```
  0 . 6 8
+ 0 . 0 9
```

⑥
```
  4 . 1 5
+ 7 . 2 5
```

⑦
```
    0 . 6
+   0 . 9
```

⑧
```
    5 . 3
+   2 . 7
```

⑨
```
    9 . 4
+ 3 7 . 5
```

⑩
```
  5 4 . 2
+ 1 4 . 9
```

⑪
```
  0 . 7 2
+ 0 . 3 6
```

⑫
```
  6 . 4 1
+ 8 . 5 8
```

⑬
```
    0 . 8
+   0 . 7
```

⑭
```
    6 . 5
+   1 . 6
```

⑮
```
  1 4 . 8
+   5 . 2
```

⑯
```
  6 5 . 4
+ 4 8 . 3
```

⑰
```
  0 . 8 1
+ 3 . 5 7
```

⑱
```
  8 . 7 4
+ 1 . 9 8
```

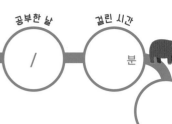

6 자릿수가 같은 (소수)+(소수)

정답: p.8

공부한 날 / 걸린 시간 분 맞힌 개수 /15

소수의 덧셈을 하세요.

① 7.3 + 0.7

② 8.7 + 3.5

③ 8.05 + 6.49

④ 11.3 + 52.9

⑤ 0.82 + 0.28

⑥ 6.9 + 24.8

⑦ 4.53 + 2.48

⑧ 64.5 + 21.8

⑨ 90.4 + 12.4

⑩ 34.8 + 5.6

⑪ 0.42 + 0.37

⑫ 2.9 + 5.4

⑬ 0.5 + 0.3

⑭ 3.21 + 0.75

⑮ 0.6 + 0.6

7 자릿수가 같은 (소수)+(소수)

공부한 날
/

걸린 시간
분

정답: p.8

맞힌 개수
/18

 소수의 덧셈을 하세요.

①
```
    0 . 3
+   0 . 1
```

⑦
```
    0 . 7
+   0 . 3
```

⑬
```
    0 . 8
+   0 . 9
```

②
```
    0 . 9
+   4 . 5
```

⑧
```
    3 . 2
+   6 . 7
```

⑭
```
    8 . 3
+   2 . 4
```

③
```
    8 . 7
+ 1 9 . 4
```

⑨
```
  1 0 . 5
+   6 . 8
```

⑮
```
  2 4 . 1
+   9 . 8
```

④
```
  3 6 . 5
+ 9 5 . 2
```

⑩
```
  7 2 . 1
+ 1 8 . 7
```

⑯
```
  8 9 . 2
+ 1 0 . 8
```

⑤
```
  0 . 2 6
+ 0 . 1 7
```

⑪
```
  0 . 3 4
+ 0 . 8 9
```

⑰
```
  0 . 9 5
+ 2 . 0 5
```

⑥
```
  4 . 7 2
+ 4 . 4 3
```

⑫
```
  7 . 3 1
+ 6 . 5 8
```

⑱
```
  9 . 6 4
+ 8 . 2 2
```

8 자릿수가 같은 (소수) + (소수)

공부한 날

걸린 시간

/

분

맞힌 개수

/15

정답: p.8

 소수의 덧셈을 하세요.

① 0.4 + 0.5

⑥ 62.7 + 59.7

⑪ 0.39 + 0.68

② 9.53 + 0.88

⑦ 34.4 + 25.8

⑫ 4.8 + 9.7

③ 2.6 + 0.8

⑧ 6.91 + 0.19

⑬ 10.2 + 46.3

④ 0.46 + 0.05

⑨ 29.5 + 6.5

⑭ 0.3 + 0.9

⑤ 5.35 + 1.67

⑩ 6.5 + 17.7

⑮ 7.5 + 8.6

6 자릿수가 다른 (소수)+(소수)

✏️ 자릿수가 다른 소수의 덧셈

소수의 끝자리 뒤에 0이 있는 것으로 생각하고 자릿수를 맞추어 더해요.

세로로 계산

```
      1 1
  0.4 0          8.6 2 1
+ 0.3 6        + 7.5 9 0
  0.7 6        1 6.2 1 1
```

가로로 계산

1.93+17.2=19.13

```
    1
    1.9 3
+ 1 7.2 0
  1 9.1 3
```

0.84+0.625=1.465

```
      1
  0.8 4 0
+ 0.6 2 5
  1.4 6 5
```

학습 포인트

하나. 자릿수가 다른 소수의 덧셈을 공부합니다.

둘. 소수점을 잘 찍었는지 항상 확인하도록 지도합니다.

셋. 자연수는 뒤에 소수점과 0이 있다는 것을 알게 합니다.

(예) 7 = 7.000 ...

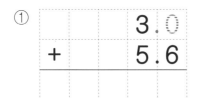 소수의 덧셈을 하세요.

①
```
      3 . 0
 +    5 . 6
```

②
```
      5 . 3
 +  1   2
```

③
```
      7 . 2
 +  6 . 7 1
```

④
```
      9 . 4
 + 3 2 . 3 8
```

⑤
```
    1 1 . 2
 +    0 . 6 5
```

⑥
```
    2 6 . 7
 +    8 . 4 3
```

⑦
```
      5 . 0 0
 +    0 . 9 5
```

⑧
```
      7 . 6 4
 +  1   5
```

⑨
```
      8 . 9 2
 +    0 . 3
```

⑩
```
      9 . 6 1
 +    5 . 4
```

⑪
```
    1 3 . 6 5
 +    0 . 7
```

⑫
```
    2 9 . 3 1
 +  4 3 . 4
```

⑬
```
      4 . 0 0 0
 +  2 . 0 8 2
```

⑭
```
      4 . 3 2 6
 +  7
```

⑮
```
      5 . 4 1 8
 +  3 . 9
```

⑯
```
      7 . 6
 +  1 . 0 6 4
```

⑰
```
      8 . 2 5 7
 +  2 . 8 2
```

⑱
```
      9 . 2 6
 +  6 . 1 3 8
```

2 자릿수가 다른 (소수)+(소수)

공부한 날
/

걸린 시간
분

맞힌 개수
/15

정답: p.9

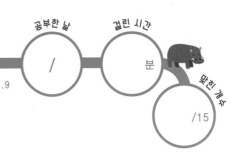

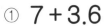 소수의 덧셈을 하세요.

① 7 + 3.6

⑥ 14.8 + 21

⑪ 5.07 + 2.144

② 18.2 + 9.74

⑦ 2.887 + 9.4

⑫ 0.5 + 23.27

③ 0.49 + 3.157

⑧ 8 + 6.37

⑬ 12.89 + 15

④ 6.83 + 10.7

⑨ 16.11 + 12.8

⑭ 4.6 + 8.662

⑤ 17.128 + 6

⑩ 54.82 + 7.3

⑮ 5.7 + 8.16

3

자릿수가 다른 (소수)+(소수)

공부한 날

/

걸린 시간

분

맞힌 개수

/18

정답: p.9

소수의 덧셈을 하세요.

①
```
        6
  +   6.4
```

②
```
      7.5
  +   2 3
```

③
```
      8.1
  +   0.6 2
```

④
```
      9.8
  +   3.4 7
```

⑤
```
    1 6.3
  +   7.8 1
```

⑥
```
    3 3.5
  + 3 4.5 7
```

⑦
```
        4
  +   7.2 6
```

⑧
```
      5.3 4
  +   1 1
```

⑨
```
      7.0 7
  +   5.9
```

⑩
```
      7.9 2
  + 1 2.8
```

⑪
```
    1 4.2 5
  + 3 2.7
```

⑫
```
    4 5.1 9
  + 5 7.6
```

⑬
```
        5
  + 0.1 7 5
```

⑭
```
      6.0 6 7
  + 5
```

⑮
```
      6.5 8 2
  + 7.6
```

⑯
```
      8.8
  + 3.2 7 9
```

⑰
```
      9.4 0 2
  + 1.7 3
```

⑱
```
      9.9 6
  + 8.2 1 8
```

4 자릿수가 다른 (소수)+(소수)
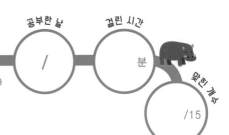

공부한 날
/
걸린 시간
분
맞힌 개수
/15

정답: p.9

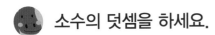 소수의 덧셈을 하세요.

① 24 + 27.32

② 32 + 21.8

③ 7.24 + 8.7

④ 9.3 + 0.845

⑤ 16 + 3.832

⑥ 8.79 + 6

⑦ 13.26 + 9.188

⑧ 34.34 + 19.5

⑨ 16.2 + 4.17

⑩ 6.714 + 9.2

⑪ 16.52 + 7.6

⑫ 24.8 + 13.67

⑬ 6.4 + 8

⑭ 16.102 + 2.54

⑮ 5.6 + 6.93

5 자릿수가 다른 (소수)+(소수)

공부한 날
/

걸린 시간
분

맞힌 개수
/18

정답: p.9

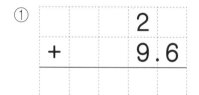

소수의 덧셈을 하세요.

①
```
      2
+   9.6
```

②
```
  1 7.3
+   8.4 5
```

③
```
    6
+ 2.1 8
```

④
```
  1 3.4 9
+   9.8
```

⑤
```
  5
+ 3.3 6 1
```

⑥
```
  8.5
+ 9.6 8 2
```

⑦
```
    3.5
+   1 7
```

⑧
```
  2 9.4
+   8.6 7
```

⑨
```
    7.4 5
+ 3 6
```

⑩
```
  2 6.3 4
+ 4 9.7
```

⑪
```
  6.8 1 6
+ 9
```

⑫
```
  9.0 6 5
+ 1.6 7
```

⑬
```
  8.8
+ 4.7 3
```

⑭
```
  3 6.9
+ 2 0.2 8
```

⑮
```
  8.2 3
+   4.2
```

⑯
```
  5 3.3 6
+ 1 0.1
```

⑰
```
  7.3 0 1
+ 2.9
```

⑱
```
  9.2 6
+ 4.1 2 8
```

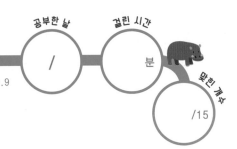
 소수의 덧셈을 하세요.

① 8.353 + 9

② 12.21 + 54

③ 17.3 + 19

④ 4.268 + 1.09

⑤ 4.96 + 8.563

⑥ 15.8 + 6.732

⑦ 24 + 38.6

⑧ 9.66 + 7.8

⑨ 36.32 + 12.6

⑩ 3.79 + 48.3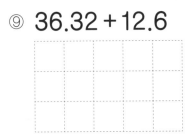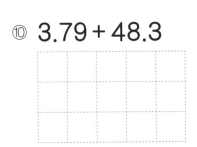

⑪ 28.4 + 12.57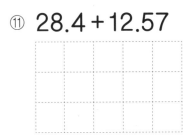

⑫ 9.4 + 53.42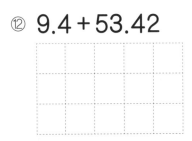

⑬ 5.225 + 7.56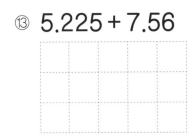

⑭ 12 + 13.61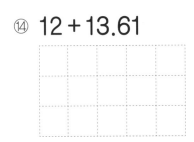

⑮ 7.4 + 2.92

소수의 덧셈을 하세요.

①
```
      3
+   2 5.9
```

②
```
    2 7.4
+   1 2.7 8
```

③
```
      5
+     3.3 6
```

④
```
    1 9.5 2
+   4 7.8
```

⑤
```
      7
+   4.3 9 4
```

⑥
```
    8.9
+   1.7 4 8
```

⑦
```
      4.6
+   1 1 7
```

⑧
```
    3 2.8
+   2 3.5 7
```

⑨
```
      6.2 9
+   4 3
```

⑩
```
    3 0.6 3
+   2 4.2
```

⑪
```
    8.1 0 2
+   3
```

⑫
```
    9.0 2 3
+   8.7 4
```

⑬
```
    6.3
+   8.9 8
```

⑭
```
    5 0.9
+   3 8.1 2
```

⑮
```
    8.7 6
+   1 5.2
```

⑯
```
    4 7.8 1
+   3 2.9
```

⑰
```
    8.2 7 1
+   6.3
```

⑱
```
    9.2 5
+   5.6 7 7
```

8 자릿수가 다른 (소수)+(소수)

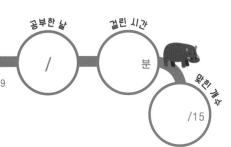

정답: p.9

소수의 덧셈을 하세요.

① 37.4 + 21.86

② 47 + 14.9

③ 25.126 + 6.4

④ 18 + 4.322

⑤ 14.581 + 3.67

⑥ 18 + 17.84

⑦ 59.23 + 21.6

⑧ 9.45 + 7.7

⑨ 31.79 + 26

⑩ 24.09 + 16.8

⑪ 8.9 + 5.642

⑫ 7.5 + 9.82

⑬ 15.65 + 8.156

⑭ 28.7 + 31

⑮ 7.6 + 43.47

자릿수가 같은 (소수)-(소수)

✏️ 소수 한 자리 수 또는 두 자리 수의 뺄셈

소수의 뺄셈을 할 때에는 같은 자리 수끼리 빼야 해요.

이때 같은 자리 숫자끼리 뺄 수 없으면 바로 윗자리에서 10을 받아내림해요.

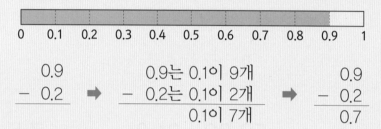

| | 0 | 0.1 | 0.2 | 0.3 | 0.4 | 0.5 | 0.6 | 0.7 | 0.8 | 0.9 | 1 |

$$\begin{array}{r} 0.9 \\ -\ 0.2 \\ \end{array}$$
➡
0.9는 0.1이 9개
− 0.2는 0.1이 2개
0.1이 7개
➡
$$\begin{array}{r} 0.9 \\ -\ 0.2 \\ \hline 0.7 \end{array}$$

세로로 계산

$$\begin{array}{r} 0.6 \\ -\ 0.5 \\ \hline 0.1 \end{array}$$

$$\begin{array}{r} {}^{6}\ {}^{10}\ {}^{10} \\ 7.\cancel{1}5 \\ -\ 2.69 \\ \hline 4.46 \end{array}$$

가로로 계산

42.3-16.9=25.4

$$\begin{array}{r} {}^{3}\ {}^{11}\ {}^{10} \\ \cancel{4}2.3 \\ -\ 16.9 \\ \hline 25.4 \end{array}$$

0.86-0.37=0.49

$$\begin{array}{r} {}^{7}\ {}^{10} \\ 0.\cancel{8}6 \\ -\ 0.37 \\ \hline 0.49 \end{array}$$

하나. 자릿수가 같은 소수의 뺄셈을 공부합니다.

둘. 세로형식으로 계산할 때에는 소수점의 자리를 맞춘 후 자연수의 뺄셈과 같은 방법으로 계산하면 된다는 것을 알게 합니다.

자릿수가 같은 (소수) - (소수)

공부한 날
/
걸린 시간
분
맞힌 개수
/18

정답: p.10

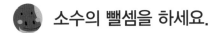

소수의 뺄셈을 하세요.

①
```
    0 . 3
-   0 . 1
```

②
```
    0 . 6
-   0 . 2
```

③
```
    0 . 8
-   0 . 5
```

④
```
    1 . 7
-   0 . 9
```

⑤
```
    3 . 4
-   2 . 6
```

⑥
```
    7 . 1
-   4 . 5
```

⑦
```
  1 7 . 5
-   2 . 6
```

⑧
```
  1 8 . 7
-   4 . 8
```

⑨
```
  2 4 . 9
-   7 . 4
```

⑩
```
  3 5 . 1
- 1 6 . 5
```

⑪
```
  5 2 . 2
- 2 1 . 4
```

⑫
```
  6 0 . 3
- 2 8 . 3
```

⑬
```
  0 . 4 8
- 0 . 1 9
```

⑭
```
  0 . 6 2
- 0 . 3 6
```

⑮
```
  3 . 9 4
- 2 . 3 7
```

⑯
```
  6 . 5 5
- 4 . 8 2
```

⑰
```
  7 . 9 3
- 0 . 4 8
```

⑱
```
  9 . 6 5
- 1 . 3 7
```

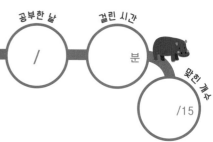
 소수의 뺄셈을 하세요.

① 0.7 − 0.6

⑥ 9.39 − 5.26

⑪ 1.82 − 1.13

② 20.2 − 13.9

⑦ 3.4 − 1.8

⑫ 42.3 − 28.4

③ 7.28 − 3.49

⑧ 0.85 − 0.05

⑬ 0.9 − 0.3

④ 2.3 − 0.5

⑨ 15.2 − 6.7

⑭ 1.32 − 0.64

⑤ 27.5 − 9.8

⑩ 39.1 − 16.4

⑮ 7.8 − 2.9

3 자릿수가 같은 (소수) - (소수)

소수의 뺄셈을 하세요.

①
```
    0.4
  - 0.3
```

②
```
    0.7
  - 0.2
```

③
```
    0.9
  - 0.6
```

④
```
    2.4
  - 0.8
```

⑤
```
    5.8
  - 1.9
```

⑥
```
    7.5
  - 2.7
```

⑦
```
    1 6.8
  -   7.9
```

⑧
```
    2 3.4
  -   6.2
```

⑨
```
    3 5.1
  -   9.4
```

⑩
```
    5 2.2
  - 1 4.7
```

⑪
```
    6 0.5
  - 3 1.9
```

⑫
```
    6 7.5
  - 5 9.6
```

⑬
```
    0.7 2
  - 0.3 4
```

⑭
```
    0.8 5
  - 0.0 9
```

⑮
```
    2.6 3
  - 1.5 6
```

⑯
```
    4.9 5
  - 3.2 5
```

⑰
```
    5.1 8
  - 2.3 4
```

⑱
```
    9.8 3
  - 5.6 7
```

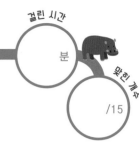

소수의 뺄셈을 하세요.

① 0.94 - 0.16

⑥ 1.95 - 0.42

⑪ 41.7 - 22.7

② 6.6 - 2.5

⑦ 9.3 - 1.4

⑫ 24.2 - 19.5

③ 0.53 - 0.27

⑧ 63.8 - 47.3

⑬ 0.8 - 0.6

④ 26.7 - 3.8

⑨ 0.5 - 0.3

⑭ 3.1 - 0.2

⑤ 4.82 - 2.34

⑩ 18.6 - 9.8

⑮ 8.64 - 5.89

5 자릿수가 같은 (소수)-(소수)

소수의 뺄셈을 하세요.

①
```
    0 . 6
-   0 . 3
```

②
```
    3 . 4
-   0 . 8
```

③
```
  1 0 . 5
-   5 . 6
```

④
```
  4 2 . 3
- 1 7 . 8
```

⑤
```
  0 . 5 7
- 0 . 2 7
```

⑥
```
  2 . 8 2
- 1 . 7 4
```

⑦
```
    0 . 7
-   0 . 1
```

⑧
```
    6 . 2
-   4 . 9
```

⑨
```
  2 2 . 8
-   9 . 3
```

⑩
```
  5 7 . 2
- 3 1 . 9
```

⑪
```
  0 . 9 1
- 0 . 5 3
```

⑫
```
  5 . 2 3
- 2 . 6 6
```

⑬
```
    0 . 9
-   0 . 5
```

⑭
```
    8 . 6
-   3 . 7
```

⑮
```
  3 5 . 1
-   9 . 4
```

⑯
```
  8 3 . 7
- 2 9 . 5
```

⑰
```
  1 . 7 2
- 0 . 4 8
```

⑱
```
  7 . 3 9
- 6 . 4 7
```

6 자릿수가 같은 (소수)-(소수)

공부한 날

/

걸린 시간

분

맞힌 개수

/15

정답: p.10

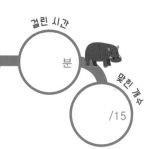

소수의 뺄셈을 하세요.

① 0.56 - 0.24

⑥ 0.8 - 0.2

⑪ 2.6 - 0.4

② 0.55 - 0.07

⑦ 75.6 - 23.8

⑫ 0.7 - 0.3

③ 24.9 - 6.1

⑧ 36.2 - 26.7

⑬ 65.7 - 18.9

④ 9.2 - 5.3

⑨ 6.97 - 0.87

⑭ 7.5 - 2.8

⑤ 12.4 - 8.6

⑩ 8.52 - 4.83

⑮ 16.15 - 1.03

자릿수가 같은 (소수) − (소수)

 소수의 뺄셈을 하세요.

①
```
    0.5
-   0.2
```

②
```
    4.4
-   0.6
```

③
```
  1 8.2
-   4.9
```

④
```
  5 4.1
- 1 1.7
```

⑤
```
  0.3 6
- 0.2 8
```

⑥
```
  5.1 6
- 2.3 7
```

⑦
```
    0.6
-   0.4
```

⑧
```
    5.8
-   2.9
```

⑨
```
  2 2.7
-   8.6
```

⑩
```
  6 7.3
- 2 9.5
```

⑪
```
  0.6 8
- 0.3 7
```

⑫
```
  8.0 5
- 4.2 6
```

⑬
```
    0.8
-   0.2
```

⑭
```
    7.3
-   1.4
```

⑮
```
  4 3.1
-   6.5
```

⑯
```
  8 9.2
- 6 3.9
```

⑰
```
  2.5 4
- 0.1 4
```

⑱
```
  9.6 2
- 6.5 9
```

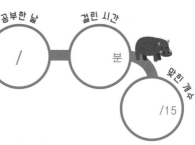

8 자릿수가 같은 (소수) - (소수)

정답: p.10

소수의 뺄셈을 하세요.

① 0.4 - 0.2

⑥ 0.89 - 0.32

⑪ 8.52 - 0.77

② 0.62 - 0.56

⑦ 6.8 - 5.6

⑫ 8.1 - 0.5

③ 46.5 - 16.5

⑧ 29.4 - 4.8

⑬ 26.47 - 3.63

④ 70.3 - 18.6

⑨ 0.9 - 0.3

⑭ 52.8 - 48.9

⑤ 18.3 - 7.5

⑩ 5.86 - 2.53

⑮ 2.7 - 1.9

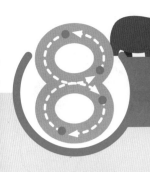

8 자릿수가 다른 (소수)-(소수)

✏️ 자릿수가 다른 소수의 뺄셈

소수점 끝자리 뒤에 0이 있는 것으로 생각하고 자릿수를 맞추어 빼요.

세로로 계산

```
      0 . 8 2
  -   0 . 3 0
      0 . 5 2
```

```
            8  10
      8 . 6 9̸ 0
  -   1 . 5 6 4
      7 . 1 2 6
```

가로로 계산

$$7.1 - 1.486 = 5.614$$

```
      6  10 9  10
      7̸ . 1̸ 0 0
  -   1 . 4 8 6
      5 . 6 1 4
```

$$0.435 - 0.27 = 0.165$$

```
            3  10
      0 . 4̸ 3 5
  -   0 . 2 7 0
      0 . 1 6 5
```

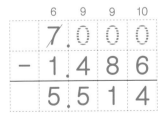

$$7 - 1.486 = 5.514$$

```
      6  9  9  10
      7̸ . 0 0 0
  -   1 . 4 8 6
      5 . 5 1 4
```

추가 설명

자연수는 뒤에 소수점과 0이 있다고 생각하면
쉽게 뺄셈을 할 수 있어요.
(예) 7 = 7.0000000 ...

학습 포인트

하나. 자릿수가 다른 소수의 뺄셈을 공부합니다.

둘. 소수점을 맞추고 같은 자릿수끼리 빼는 것에 주의하여 계산하도록 지도합니다.

1 자릿수가 다른 (소수)−(소수)

공부한 날
/

걸린 시간
분

맞힌 개수
/18

정답: p.11

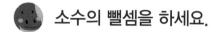 소수의 뺄셈을 하세요.

①
```
      1 3
  −    7.3
```

②
```
      6.5
  −   3.1 4
```

③
```
      8.7
  −   0.2 8
```

④
```
    1 3.4
  −   7.0 6
```

⑤
```
    2 4.9
  − 1 9.4 5
```

⑥
```
    3 7.8
  − 2 4.0 7
```

⑦
```
      1 2
  −   4.3 6
```

⑧
```
      3.8 4
  −   2.3
```

⑨
```
      8.2 1
  −   5.7
```

⑩
```
    1 2.8 4
  −   3.9
```

⑪
```
    3 5.7 6
  − 2 2.8
```

⑫
```
    4 2.5 4
  − 1 6.6
```

⑬
```
      6
  − 2.0 7 5
```

⑭
```
    0.9 2 3
  − 0.5
```

⑮
```
    6.2
  − 3.4 1 4
```

⑯
```
    7.4 6 2
  − 5.7
```

⑰
```
    8.2 7 3
  − 4.5 9
```

⑱
```
    9.8 6
  − 1.9 5 1
```

2 자릿수가 다른 (소수)-(소수)

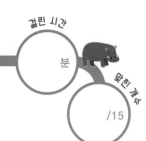

정답: p.11

소수의 뺄셈을 하세요.

① 19.8-18

② 53.62-0.9

③ 39.73-15.8

④ 8.542-4.7

⑤ 9.3-6.406

⑥ 13.8-2.45

⑦ 45.62-34.5

⑧ 21.065-8

⑨ 8.4-7.12

⑩ 5.489-1.84

⑪ 7.28-3.941

⑫ 36.7-6.82

⑬ 7.31-4.2

⑭ 9.22-7

⑮ 25.9-23.29

소수의 뺄셈을 하세요.

①
```
    3 3.6
-     2 1
```

⑦
```
    2 4.3 9
-     1 5
```

⑬
```
    8.2 8 1
-   3
```

②
```
    4.5
-   1.3 8
```

⑧
```
    6.1 7
-   4.2
```

⑭
```
    2.7 6 4
-   1.5
```

③
```
    9.2
-   6.0 7
```

⑨
```
    9.0 4
-   2.6
```

⑮
```
    4.8
-   3.4 9 2
```

④
```
    1 6.7
-     8.9 2
```

⑩
```
    1 3.5 2
-     9.9
```

⑯
```
    6.7 3 6
-   2.5 4
```

⑤
```
    2 7.5
-   1 2.6 3
```

⑪
```
    1 9.7 6
-   1 3.2
```

⑰
```
    8.6 8
-   5.1 0 5
```

⑥
```
    4 3.6
-   2 8.8 4
```

⑫
```
    3 4.4 8
-   2 1.6
```

⑱
```
    9.7 5 9
-   7.4 6
```

소수의 뺄셈을 하세요.

① 17 - 8.2

② 9.5 - 3.77

③ 8.154 - 2.6

④ 6.43 - 2.057

⑤ 19.1 - 8.48

⑥ 40.21 - 20.9

⑦ 3 - 1.264

⑧ 16.76 - 7.1

⑨ 36.5 - 15.79

⑩ 28 - 12.05

⑪ 8.36 - 5.4

⑫ 9.8 - 4.26

⑬ 2.3 - 0.827

⑭ 2.65 - 1.302

⑮ 7.22 - 3.9

 소수의 뺄셈을 하세요.

①
```
      1 6
  -  1 3 . 8
```

②
```
    1 4 . 7
  -    2 . 4 3
```

③
```
    5 4
  - 3 2 . 5 7
```

④
```
    1 8 . 0 9
  -      5 . 6
```

⑤
```
      5
  - 3 . 5 7 2
```

⑥
```
    7 . 9 4 7
  - 3 . 6
```

⑦
```
    5 . 1
  - 1 . 4 5
```

⑧
```
    2 6 . 4
  - 1 7 . 9 2
```

⑨
```
    4 . 7 3
  - 2 . 3
```

⑩
```
    3 5 . 7 3
  - 1 1 . 9
```

⑪
```
    2 . 1 5 7
  - 0 . 9
```

⑫
```
    8 . 2 8 9
  - 5 . 7 2
```

⑬
```
    7 . 3
  - 3 . 8 6
```

⑭
```
    5 1 . 6
  - 3 2 . 3 7
```

⑮
```
    8 . 3 4
  - 6 . 4
```

⑯
```
    4 8 . 6 5
  - 2 7 . 7
```

⑰
```
    6 . 6
  - 2 . 8 3 6
```

⑱
```
    9 . 0 8
  - 6 . 5 3 1
```

6 자릿수가 다른 (소수) – (소수)

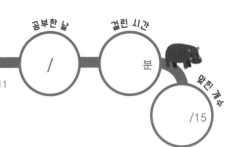

공부한 날

걸린 시간

분

맞힌 개수

/15

정답: p.11

소수의 뺄셈을 하세요.

① 13.2 – 6

⑥ 6.3 – 1.18

⑪ 4.07 – 3.6

② 9.65 – 4.9

⑦ 11.62 – 7.8

⑫ 38.3 – 16.89

③ 3.47 – 0.651

⑧ 36.09 – 23

⑬ 8.319 – 6.5

④ 56.1 – 6.57

⑨ 15.452 – 4

⑭ 8.5 – 2.04

⑤ 5.3 – 1.094

⑩ 7.436 – 2.27

⑮ 40.02 – 9.8

7 자릿수가 다른 (소수)−(소수)

공부한 날

걸린 시간

/

분

맞힌 개수

/18

정답: p.11

소수의 뺄셈을 하세요.

①
```
    2 3 . 7
-       8
```

⑦
```
    3 . 4
- 1 . 6 8
```

⑬
```
    9 . 6
- 4 . 3 5
```

②
```
  1 5 . 3
-   7 . 9 1
```

⑧
```
  3 5 . 7
- 1 2 . 4 3
```

⑭
```
  4 8 . 2
- 2 7 . 3 9
```

③
```
  2 7 . 6 2
- 1 3
```

⑨
```
    6 . 7 4
-   5 . 9
```

⑮
```
    8 . 9 3
-   4 . 3
```

④
```
  2 0 . 5 6
-    3 . 7
```

⑩
```
  4 3 . 2 8
- 1 7 . 6
```

⑯
```
  5 1 . 3 4
- 2 5 . 9
```

⑤
```
    9 . 6 8 5
-   7
```

⑪
```
    1 . 0 7 2
-   0 . 4
```

⑰
```
    3 . 2
- 1 . 8 4 2
```

⑥
```
    6 . 7 3 1
-   4 . 1 5
```

⑫
```
    8 . 2 1
- 3 . 5 2 6
```

⑱
```
    9 . 5 7 7
-   2 . 9 3
```

공부한 날 / 걸린 시간 분

정답: p.11

/15

소수의 뺄셈을 하세요.

① 4.61 - 1.2

② 7.8 - 3.28

③ 20.3 - 9.06

④ 47.09 - 23.8

⑤ 9.035 - 7.9

⑥ 56 - 7.23

⑦ 12.85 - 6.531

⑧ 126 - 112.7

⑨ 31 - 4.807

⑩ 30.53 - 8.4

⑪ 8.8 - 6.39

⑫ 49.6 - 15.78

⑬ 8.3 - 5.271

⑭ 5.913 - 2.73

⑮ 8.11 - 3.7

실력 체크

최종 점검

5-A 자릿수가 같은 (소수)+(소수)

공부한 날	월	일
걸린 시간	분	초
맞힌 개수		/18

정답: p.12

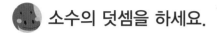 소수의 덧셈을 하세요.

①
```
    0.7
+   0.4
```

②
```
    0.3
+   0.9
```

③
```
    6.9
+   7.6
```

④
```
    3.8
+   5.4
```

⑤
```
    0.9
+   3.1
```

⑥
```
    0.8
+   0.8
```

⑦
```
  1 6.7
+    8.6
```

⑧
```
  3 5.3
+ 1 7.9
```

⑨
```
    7.2
+ 1 0.8
```

⑩
```
  2 3.6
+    8.5
```

⑪
```
  5 2.8
+ 2 6.9
```

⑫
```
  1 1.9
+ 7 3.5
```

⑬
```
  0.5 5
+ 0.9 2
```

⑭
```
  0.2 3
+ 0.4 7
```

⑮
```
  0.3 8
+ 1.6 4
```

⑯
```
  8.0 6
+ 1.6 7
```

⑰
```
  5.1 3
+ 8.7 5
```

⑱
```
  9.6 1
+ 4.3 2
```

5-B 자릿수가 같은 (소수) + (소수)

공부한 날	월	일
걸린 시간	분	초
맞힌 개수		/12

정답: p.12

🐷 소수의 덧셈을 하세요.

① 0.6 + 0.7

⑤ 7.11 + 9.23

⑨ 13.8 + 62.7

② 0.49 + 0.12

⑥ 27.9 + 8.5

⑩ 0.2 + 0.9

③ 2.64 + 7.36

⑦ 8.1 + 4.9

⑪ 6.4 + 43.1

④ 34.3 + 39.6

⑧ 0.86 + 0.96

⑫ 4.8 + 7.6

6-A 자릿수가 다른 (소수)+(소수)

공부한 날	월	일
걸린 시간	분	초
맞힌 개수		/18

정답: p.12

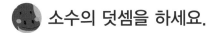 소수의 덧셈을 하세요.

①
```
      7
+  3 6.2
```

②
```
      5.8
+   1 2
```

③
```
  3 3.7
+ 4 1.0 2
```

④
```
    6.4
+   7.2 7
```

⑤
```
  3 2.8
+   9.7 5
```

⑥
```
    2.1
+ 2 8.3 6
```

⑦
```
    3.4 9
+ 1 7
```

⑧
```
    8
+ 2 6.2 1
```

⑨
```
    7.6 3
+ 3 2.5
```

⑩
```
  3 0.0 8
+ 2 4.2
```

⑪
```
    8.7 2
+ 4 3.3
```

⑫
```
  5 1.8 4
+   6.7
```

⑬
```
  7
+ 8.1 8 6
```

⑭
```
  4.2 0 8
+ 5
```

⑮
```
  5.2 7 9
+ 5.9
```

⑯
```
  9.2
+ 1.8 0 4
```

⑰
```
  6.1 0 5
+ 2.6 3
```

⑱
```
  4.6 3
+ 0.4 7 6
```

6-B 자릿수가 다른 (소수) + (소수)

공부한 날	월	일
걸린 시간	분	초
맞힌 개수		/12

정답: p.12

 소수의 덧셈을 하세요.

① 8.62 + 23

⑤ 19 + 8.364

⑨ 26 + 14.8

② 4.6 + 2.35

⑥ 17.43 + 9.6

⑩ 31.2 + 23.49

③ 6.598 + 8.02

⑦ 5.15 + 7.168

⑪ 8.5 + 16.78

④ 31.58 + 11.9

⑧ 36.21 + 11.7

⑫ 5.64 + 7.8

7-A   자릿수가 같은 (소수)−(소수)

공부한 날	월	일
걸린 시간	분	초
맞힌 개수		/18

정답: p.13

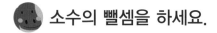 소수의 뺄셈을 하세요.

①
```
    0.9
 -  0.6
```

②
```
    0.8
 -  0.4
```

③
```
    6.2
 -  0.3
```

④
```
    0.5
 -  0.3
```

⑤
```
    5.6
 -  2.7
```

⑥
```
    4.9
 -  3.4
```

⑦
```
  2 0.3
 -  7.5
```

⑧
```
  3 1.7
 -  9.2
```

⑨
```
  4 7.8
 -  5.9
```

⑩
```
  1 9.5
 -1 8.9
```

⑪
```
  2 5.1
 -1 6.3
```

⑫
```
  5 6.4
 -3 7.4
```

⑬
```
  0.4 7
 -0.0 8
```

⑭
```
  7.9 5
 -4.3 7
```

⑮
```
  5.4 2
 -4.1 6
```

⑯
```
  0.7 1
 -0.2 8
```

⑰
```
  6.2 5
 -2.3 6
```

⑱
```
  8.7 4
 -3.5 7
```

7-B 자릿수가 같은 (소수)－(소수)

공부한 날	월	일
걸린 시간	분	초
맞힌 개수		/12

정답: p.13

 소수의 뺄셈을 하세요.

① 0.5－0.1

⑤ 6.4－0.9

⑨ 4.59－3.62

② 0.34－0.19

⑥ 50.3－29.7

⑩ 24.7－8.5

③ 38.6－17.9

⑦ 12.5－7.8

⑪ 9.2－1.6

④ 7.2－3.5

⑧ 3.65－2.85

⑫ 12.64－9.29

8-A 자릿수가 다른 (소수)−(소수)

공부한 날	월	일
걸린 시간	분	초
맞힌 개수		/18

정답: p.13

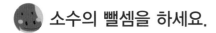 소수의 뺄셈을 하세요.

①
```
    1 7
-   4.8
```

②
```
  4 3.2
- 2 9.3 1
```

③
```
    5.4
-   2.7 3
```

④
```
  1 6.1
-   1.5 2
```

⑤
```
    8.6
-   0.9 8
```

⑥
```
  5 1.9
- 1 6.8 4
```

⑦
```
  3 8.4 6
- 1 6
```

⑧
```
    7.3 5
-   5.8
```

⑨
```
    4.0 6
-   1.2
```

⑩
```
  3 2.3 1
-   7.7
```

⑪
```
  4 3.8 7
- 3 6.8
```

⑫
```
  1 6.4 5
- 1 1.6
```

⑬
```
  8.5 2 3
- 6
```

⑭
```
  8.7
- 1.6 1 4
```

⑮
```
  6.7 3 6
- 3.5
```

⑯
```
  3.3 8 5
- 2.9
```

⑰
```
  5.6 4 1
- 0.8 1
```

⑱
```
  9.9 4
- 7.0 2 7
```

실력 체크

8-B 자릿수가 다른 (소수)−(소수)

공부한 날   월   일
걸린 시간   분   초
맞힌 개수   /12

정답: p.13

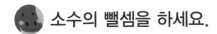 소수의 뺄셈을 하세요.

① 21.6 − 6

⑤ 26.35 − 7.4

⑨ 14.1 − 3.73

② 47.01 − 18.4

⑥ 8.52 − 5.9

⑩ 7 − 1.658

③ 9.2 − 5.172

⑦ 24 − 10.52

⑪ 59.6 − 24.39

④ 2.448 − 1.35

⑧ 9.2 − 7.57

⑫ 5.64 − 4.372

Memo

계산력 + 두뇌회전
UP!

한 권으로 계산 끝

정답

8

초등수학
4학년 과정

넥서스에듀

분모가 같은 (진분수)±(진분수)

1　p.15

① $\dfrac{2}{3}$　⑤ $\dfrac{13}{16}$　⑨ $\dfrac{23}{39}$　⑬ $\dfrac{14}{20}$　⑰ $\dfrac{7}{12}$

② $\dfrac{3}{4}$　⑥ $\dfrac{8}{21}$　⑩ $\dfrac{36}{44}$　⑭ $\dfrac{28}{45}$　⑱ $\dfrac{25}{27}$

③ $\dfrac{6}{7}$　⑦ $\dfrac{19}{25}$　⑪ $\dfrac{4}{5}$　⑮ $\dfrac{6}{8}$　⑲ $\dfrac{14}{18}$

④ $\dfrac{7}{8}$　⑧ $\dfrac{19}{32}$　⑫ $\dfrac{11}{24}$　⑯ $\dfrac{33}{40}$　⑳ $\dfrac{17}{36}$

2　p.16

① $\dfrac{5}{6}$　⑤ $\dfrac{19}{20}$　⑨ $\dfrac{45}{48}$　⑬ $\dfrac{16}{32}$　⑰ $\dfrac{4}{8}$

② $\dfrac{7}{8}$　⑥ $\dfrac{14}{25}$　⑩ $\dfrac{28}{50}$　⑭ $\dfrac{13}{16}$　⑱ $\dfrac{17}{24}$

③ $\dfrac{9}{10}$　⑦ $\dfrac{20}{32}$　⑪ $\dfrac{3}{7}$　⑮ $\dfrac{31}{42}$　⑲ $\dfrac{31}{36}$

④ $\dfrac{13}{17}$　⑧ $\dfrac{23}{37}$　⑫ $\dfrac{19}{27}$　⑯ $\dfrac{21}{29}$　⑳ $\dfrac{35}{44}$

3　p.17

① $\dfrac{3}{5}$　⑤ $\dfrac{16}{49}$　⑨ $\dfrac{25}{47}$　⑬ $\dfrac{27}{34}$　⑰ $\dfrac{31}{52}$

② $\dfrac{13}{14}$　⑥ $\dfrac{44}{56}$　⑩ $\dfrac{17}{31}$　⑭ $\dfrac{32}{42}$　⑱ $\dfrac{5}{7}$

③ $\dfrac{25}{27}$　⑦ $\dfrac{23}{45}$　⑪ $\dfrac{5}{6}$　⑮ $\dfrac{29}{54}$　⑲ $\dfrac{7}{9}$

④ $\dfrac{25}{38}$　⑧ $\dfrac{21}{22}$　⑫ $\dfrac{19}{23}$　⑯ $\dfrac{12}{15}$　⑳ $\dfrac{11}{13}$

4　p.18

① $\dfrac{3}{4}$　⑤ $\dfrac{33}{42}$　⑨ $\dfrac{29}{40}$　⑬ $\dfrac{31}{32}$　⑰ $\dfrac{45}{46}$

② $\dfrac{20}{24}$　⑥ $\dfrac{7}{8}$　⑩ $\dfrac{20}{35}$　⑭ $\dfrac{35}{38}$　⑱ $\dfrac{16}{23}$

③ $\dfrac{27}{29}$　⑦ $\dfrac{12}{14}$　⑪ $\dfrac{16}{18}$　⑮ $\dfrac{38}{49}$　⑲ $\dfrac{65}{72}$

④ $\dfrac{28}{34}$　⑧ $\dfrac{15}{16}$　⑫ $\dfrac{23}{26}$　⑯ $\dfrac{52}{63}$　⑳ $\dfrac{18}{19}$

5　p.19

① $\dfrac{2}{6}$　⑤ 0　⑨ $\dfrac{31}{48}$　⑬ $\dfrac{25}{52}$　⑰ $\dfrac{9}{16}$

② $\dfrac{3}{11}$　⑥ $\dfrac{12}{30}$　⑩ $\dfrac{23}{54}$　⑭ $\dfrac{4}{8}$　⑱ $\dfrac{14}{30}$

③ $\dfrac{7}{15}$　⑦ $\dfrac{2}{36}$　⑪ $\dfrac{12}{18}$　⑮ $\dfrac{27}{42}$　⑲ $\dfrac{7}{38}$

④ $\dfrac{11}{23}$　⑧ $\dfrac{18}{42}$　⑫ $\dfrac{8}{54}$　⑯ $\dfrac{19}{51}$　⑳ $\dfrac{16}{24}$

6　p.20

① $\dfrac{4}{8}$　⑤ $\dfrac{14}{24}$　⑨ 0　⑬ $\dfrac{13}{52}$　⑰ $\dfrac{1}{20}$

② $\dfrac{7}{10}$　⑥ $\dfrac{13}{29}$　⑩ $\dfrac{34}{62}$　⑭ $\dfrac{25}{57}$　⑱ $\dfrac{18}{32}$

③ $\dfrac{4}{12}$　⑦ $\dfrac{8}{38}$　⑪ $\dfrac{13}{21}$　⑮ $\dfrac{9}{63}$　⑲ $\dfrac{19}{35}$

④ $\dfrac{5}{18}$　⑧ $\dfrac{8}{42}$　⑫ $\dfrac{7}{36}$　⑯ $\dfrac{19}{42}$　⑳ $\dfrac{5}{9}$

① $\dfrac{4}{7}$ ⑤ $\dfrac{6}{36}$ ⑨ $\dfrac{22}{42}$ ⑬ $\dfrac{9}{19}$ ⑰ $\dfrac{8}{20}$

② $\dfrac{4}{13}$ ⑥ $\dfrac{1}{9}$ ⑩ $\dfrac{15}{57}$ ⑭ $\dfrac{12}{30}$ ⑱ 0

③ $\dfrac{5}{19}$ ⑦ $\dfrac{8}{15}$ ⑪ $\dfrac{17}{64}$ ⑮ $\dfrac{15}{56}$ ⑲ $\dfrac{9}{51}$

④ $\dfrac{29}{72}$ ⑧ $\dfrac{3}{26}$ ⑫ $\dfrac{7}{16}$ ⑯ $\dfrac{4}{10}$ ⑳ $\dfrac{25}{68}$

① $\dfrac{5}{32}$ ⑤ $\dfrac{5}{48}$ ⑨ $\dfrac{18}{37}$ ⑬ $\dfrac{3}{17}$ ⑰ $\dfrac{8}{21}$

② $\dfrac{11}{20}$ ⑥ $\dfrac{3}{8}$ ⑩ 0 ⑭ $\dfrac{7}{10}$ ⑱ $\dfrac{7}{32}$

③ $\dfrac{17}{73}$ ⑦ $\dfrac{2}{16}$ ⑪ $\dfrac{6}{16}$ ⑮ $\dfrac{9}{37}$ ⑲ $\dfrac{2}{40}$

④ $\dfrac{9}{24}$ ⑧ $\dfrac{16}{24}$ ⑫ $\dfrac{10}{64}$ ⑯ $\dfrac{4}{15}$ ⑳ $\dfrac{29}{66}$

Special Lesson 기본 개념 알고 가기

① $\dfrac{5}{3}$ ⑤ $\dfrac{29}{6}$ ⑨ 12 ⑬ $\dfrac{31}{6}$ ⑰ $\dfrac{31}{12}$

② $\dfrac{9}{5}$ ⑥ $\dfrac{21}{4}$ ⑩ 35 ⑭ $\dfrac{11}{7}$ ⑱ 30

③ $\dfrac{23}{9}$ ⑦ $\dfrac{44}{7}$ ⑪ $\dfrac{9}{4}$ ⑮ $\dfrac{19}{4}$ ⑲ 28

④ $\dfrac{28}{11}$ ⑧ 4 ⑫ $\dfrac{44}{9}$ ⑯ $\dfrac{17}{5}$ ⑳ 6

① $2\dfrac{1}{2}$ ⑤ $3\dfrac{3}{5}$ ⑨ 5 ⑬ $4\dfrac{3}{8}$ ⑰ $1\dfrac{8}{9}$

② $6\dfrac{1}{3}$ ⑥ $1\dfrac{5}{6}$ ⑩ 6 ⑭ $2\dfrac{3}{5}$ ⑱ 5

③ $3\dfrac{3}{4}$ ⑦ $3\dfrac{3}{8}$ ⑪ $2\dfrac{6}{7}$ ⑮ $5\dfrac{1}{3}$ ⑲ 3

④ $5\dfrac{1}{4}$ ⑧ 4 ⑫ $4\dfrac{1}{2}$ ⑯ $3\dfrac{5}{6}$ ⑳ 6

2 합이 가분수가 되는 (진분수)+(진분수) / (자연수)−(진분수)

1   p.27

① $1\frac{1}{6}$ ⑤ $1\frac{2}{11}$ ⑨ $1\frac{3}{28}$ ⑬ $1\frac{7}{11}$ ⑰ $1\frac{2}{4}$

② $1\frac{2}{7}$ ⑥ $1\frac{1}{15}$ ⑩ $1\frac{5}{32}$ ⑭ $1\frac{9}{16}$ ⑱ $1\frac{3}{25}$

③ $1\frac{1}{9}$ ⑦ $1\frac{4}{17}$ ⑪ $1\frac{2}{6}$ ⑮ $1\frac{1}{10}$ ⑲ $1\frac{3}{14}$

④ $1\frac{3}{10}$ ⑧ $1\frac{2}{20}$ ⑫ $1\frac{5}{7}$ ⑯ 1 ⑳ $1\frac{1}{23}$

2   p.28

① $1\frac{2}{9}$ ⑤ $1\frac{5}{18}$ ⑨ $1\frac{3}{32}$ ⑬ $1\frac{4}{23}$ ⑰ $1\frac{7}{32}$

② $1\frac{5}{9}$ ⑥ $1\frac{3}{22}$ ⑩ $1\frac{5}{34}$ ⑭ $1\frac{1}{18}$ ⑱ 1

③ $1\frac{1}{12}$ ⑦ $1\frac{1}{23}$ ⑪ $1\frac{1}{5}$ ⑮ $1\frac{1}{26}$ ⑲ $1\frac{2}{15}$

④ $1\frac{4}{16}$ ⑧ $1\frac{9}{30}$ ⑫ $1\frac{3}{10}$ ⑯ $1\frac{7}{20}$ ⑳ $1\frac{8}{28}$

3   p.29

① $1\frac{2}{7}$ ⑤ $1\frac{8}{63}$ ⑨ $1\frac{7}{18}$ ⑬ $1\frac{7}{25}$ ⑰ $1\frac{16}{64}$

② $1\frac{3}{11}$ ⑥ $1\frac{4}{9}$ ⑩ $1\frac{1}{23}$ ⑭ $1\frac{5}{56}$ ⑱ $1\frac{2}{5}$

③ $1\frac{10}{15}$ ⑦ $1\frac{5}{11}$ ⑪ $1\frac{2}{9}$ ⑮ $1\frac{5}{75}$ ⑲ 1

④ $1\frac{7}{30}$ ⑧ $1\frac{6}{32}$ ⑫ $1\frac{8}{14}$ ⑯ $1\frac{7}{20}$ ⑳ $1\frac{7}{36}$

4   p.30

① $1\frac{1}{7}$ ⑤ $1\frac{7}{65}$ ⑨ $1\frac{27}{56}$ ⑬ $1\frac{12}{20}$ ⑰ $1\frac{5}{13}$

② $1\frac{7}{12}$ ⑥ $1\frac{7}{11}$ ⑩ $1\frac{8}{41}$ ⑭ $1\frac{5}{58}$ ⑱ $1\frac{7}{45}$

③ $1\frac{1}{19}$ ⑦ $1\frac{3}{6}$ ⑪ $1\frac{3}{10}$ ⑮ $1\frac{12}{76}$ ⑲ $1\frac{4}{20}$

④ $1\frac{5}{21}$ ⑧ $1\frac{6}{9}$ ⑫ $1\frac{7}{15}$ ⑯ 1 ⑳ $1\frac{13}{18}$

5   p.31

① $\frac{3}{5}$ ⑤ $1\frac{18}{25}$ ⑨ $3\frac{23}{32}$ ⑬ $5\frac{4}{7}$ ⑰ $3\frac{11}{18}$

② $\frac{3}{9}$ ⑥ $2\frac{34}{39}$ ⑩ $4\frac{5}{8}$ ⑭ $2\frac{8}{16}$ ⑱ $\frac{28}{36}$

③ $\frac{18}{21}$ ⑦ $2\frac{18}{45}$ ⑪ $1\frac{41}{45}$ ⑮ $1\frac{19}{29}$ ⑲ $1\frac{25}{40}$

④ $1\frac{9}{17}$ ⑧ $3\frac{8}{11}$ ⑫ $3\frac{12}{23}$ ⑯ $2\frac{3}{4}$ ⑳ $1\frac{21}{55}$

6   p.32

① $\frac{5}{7}$ ⑤ $1\frac{1}{8}$ ⑨ $4\frac{27}{55}$ ⑬ $4\frac{5}{10}$ ⑰ $5\frac{39}{54}$

② $\frac{9}{11}$ ⑥ $2\frac{3}{12}$ ⑩ $6\frac{17}{23}$ ⑭ $6\frac{21}{43}$ ⑱ $1\frac{6}{7}$

③ $\frac{18}{26}$ ⑦ $3\frac{41}{46}$ ⑪ $1\frac{13}{19}$ ⑮ $4\frac{8}{12}$ ⑲ $\frac{16}{29}$

④ $\frac{15}{34}$ ⑧ $4\frac{11}{17}$ ⑫ $7\frac{9}{16}$ ⑯ $3\frac{4}{9}$ ⑳ $3\frac{25}{32}$

7   p.33

① $2\frac{11}{20}$ ⑤ $8\frac{4}{7}$ ⑨ $5\frac{19}{38}$ ⑬ $3\frac{6}{13}$ ⑰ $2\frac{32}{46}$

② $4\frac{7}{11}$ ⑥ $\frac{11}{19}$ ⑩ $7\frac{12}{15}$ ⑭ $6\frac{4}{9}$ ⑱ $3\frac{9}{11}$

③ $2\frac{21}{28}$ ⑦ $1\frac{18}{23}$ ⑪ $1\frac{24}{52}$ ⑮ $9\frac{21}{24}$ ⑲ $6\frac{26}{32}$

④ $\frac{34}{35}$ ⑧ $2\frac{47}{54}$ ⑫ $7\frac{14}{16}$ ⑯ $1\frac{1}{8}$ ⑳ $10\frac{19}{27}$

8   p.34

① $6\frac{17}{18}$ ⑤ $\frac{13}{47}$ ⑨ $5\frac{29}{44}$ ⑬ $8\frac{23}{31}$ ⑰ $3\frac{22}{37}$

② $11\frac{4}{9}$ ⑥ $\frac{12}{14}$ ⑩ $8\frac{61}{68}$ ⑭ $3\frac{1}{3}$ ⑱ $5\frac{15}{19}$

③ $1\frac{59}{61}$ ⑦ $1\frac{13}{32}$ ⑪ $5\frac{11}{14}$ ⑮ $4\frac{25}{52}$ ⑲ $7\frac{51}{57}$

④ $2\frac{16}{26}$ ⑧ $4\frac{8}{9}$ ⑫ $3\frac{2}{9}$ ⑯ $\frac{12}{23}$ ⑳ $9\frac{4}{7}$

3 분모가 같은 (대분수)+(대분수)

1   p.36

① $3\frac{8}{13}$ ⑤ $7\frac{17}{34}$ ⑨ $7\frac{11}{15}$ ⑬ $4\frac{4}{52}$ ⑰ 6

② $6\frac{9}{20}$ ⑥ $5\frac{35}{46}$ ⑩ $7\frac{8}{9}$ ⑭ $6\frac{5}{19}$ ⑱ $8\frac{2}{10}$

③ $4\frac{11}{25}$ ⑦ $5\frac{9}{54}$ ⑪ $3\frac{2}{14}$ ⑮ $4\frac{1}{21}$ ⑲ $8\frac{4}{35}$

④ $4\frac{25}{32}$ ⑧ $9\frac{32}{50}$ ⑫ $4\frac{1}{18}$ ⑯ $6\frac{2}{23}$ ⑳ $9\frac{1}{6}$

2   p.37

① $7\frac{38}{48}$ ⑤ $5\frac{30}{39}$ ⑨ $9\frac{39}{45}$ ⑬ $5\frac{9}{20}$ ⑰ $7\frac{1}{7}$

② $2\frac{7}{8}$ ⑥ $2\frac{5}{6}$ ⑩ $4\frac{9}{11}$ ⑭ $7\frac{4}{32}$ ⑱ $4\frac{4}{36}$

③ $8\frac{25}{33}$ ⑦ $2\frac{12}{15}$ ⑪ $7\frac{3}{10}$ ⑮ $9\frac{1}{14}$ ⑲ $7\frac{6}{21}$

④ $3\frac{31}{43}$ ⑧ $8\frac{43}{56}$ ⑫ $3\frac{1}{12}$ ⑯ $7\frac{5}{28}$ ⑳ $6\frac{2}{24}$

3   p.38

① $6\frac{18}{24}$ ⑤ $5\frac{34}{63}$ ⑨ $8\frac{9}{11}$ ⑬ $8\frac{8}{15}$ ⑰ $6\frac{2}{18}$

② $3\frac{5}{8}$ ⑥ $6\frac{2}{3}$ ⑩ $8\frac{37}{58}$ ⑭ $5\frac{3}{20}$ ⑱ $7\frac{1}{24}$

③ $5\frac{9}{13}$ ⑦ $5\frac{17}{20}$ ⑪ $3\frac{4}{6}$ ⑮ $4\frac{7}{29}$ ⑲ $8\frac{2}{12}$

④ $4\frac{30}{32}$ ⑧ $6\frac{33}{45}$ ⑫ $7\frac{2}{7}$ ⑯ 4 ⑳ $9\frac{6}{47}$

4   p.39

① $3\frac{26}{31}$ ⑤ $4\frac{6}{7}$ ⑨ $6\frac{6}{9}$ ⑬ $9\frac{3}{27}$ ⑰ $8\frac{9}{26}$

② $5\frac{14}{24}$ ⑥ $8\frac{22}{23}$ ⑩ $4\frac{40}{54}$ ⑭ $8\frac{5}{28}$ ⑱ $11\frac{2}{17}$

③ $3\frac{41}{48}$ ⑦ $3\frac{37}{46}$ ⑪ $6\frac{1}{11}$ ⑮ $9\frac{1}{45}$ ⑲ $7\frac{5}{33}$

④ $8\frac{19}{20}$ ⑧ $4\frac{39}{42}$ ⑫ $6\frac{4}{18}$ ⑯ $5\frac{9}{12}$ ⑳ $3\frac{2}{15}$

5   p.40

① $9\frac{9}{16}$ ⑤ $12\frac{33}{36}$ ⑨ $6\frac{4}{9}$ ⑬ $5\frac{65}{73}$ ⑰ $6\frac{6}{15}$

② $2\frac{40}{42}$ ⑥ $4\frac{9}{38}$ ⑩ $9\frac{13}{47}$ ⑭ $10\frac{24}{28}$ ⑱ $9\frac{4}{63}$

③ $10\frac{35}{45}$ ⑦ $7\frac{4}{7}$ ⑪ $5\frac{10}{31}$ ⑮ $13\frac{57}{70}$ ⑲ $8\frac{11}{29}$

④ $9\frac{33}{36}$ ⑧ 5 ⑫ $6\frac{53}{59}$ ⑯ $5\frac{21}{75}$ ⑳ $15\frac{15}{40}$

6   p.41

① $4\frac{23}{27}$ ⑤ $6\frac{19}{24}$ ⑨ $5\frac{22}{65}$ ⑬ $7\frac{18}{40}$ ⑰ $5\frac{1}{5}$

② $2\frac{29}{35}$ ⑥ $6\frac{16}{22}$ ⑩ $4\frac{13}{16}$ ⑭ $9\frac{5}{28}$ ⑱ $5\frac{18}{48}$

③ $6\frac{41}{45}$ ⑦ $2\frac{20}{37}$ ⑪ $3\frac{2}{13}$ ⑮ $6\frac{4}{30}$ ⑲ $7\frac{3}{6}$

④ $6\frac{36}{52}$ ⑧ $9\frac{47}{56}$ ⑫ $6\frac{3}{14}$ ⑯ $3\frac{1}{8}$ ⑳ $5\frac{1}{12}$

7   p.42

① $4\frac{38}{43}$ ⑤ $11\frac{10}{12}$ ⑨ $8\frac{2}{60}$ ⑬ $12\frac{19}{25}$ ⑰ $8\frac{7}{37}$

② $6\frac{15}{20}$ ⑥ $4\frac{4}{10}$ ⑩ $10\frac{10}{24}$ ⑭ $10\frac{25}{54}$ ⑱ $10\frac{2}{8}$

③ $7\frac{61}{76}$ ⑦ $10\frac{4}{72}$ ⑪ $3\frac{50}{63}$ ⑮ $10\frac{54}{67}$ ⑲ 15

④ $11\frac{52}{56}$ ⑧ $8\frac{3}{52}$ ⑫ $8\frac{29}{35}$ ⑯ $8\frac{5}{14}$ ⑳ $12\frac{8}{40}$

8   p.43

① $7\frac{41}{51}$ ⑤ $10\frac{17}{18}$ ⑨ $5\frac{13}{15}$ ⑬ $7\frac{3}{43}$ ⑰ $7\frac{2}{5}$

② $5\frac{32}{35}$ ⑥ $7\frac{39}{60}$ ⑩ $6\frac{56}{57}$ ⑭ $7\frac{5}{10}$ ⑱ $6\frac{8}{27}$

③ $5\frac{20}{22}$ ⑦ $4\frac{25}{29}$ ⑪ $8\frac{2}{12}$ ⑮ $7\frac{2}{13}$ ⑲ $8\frac{8}{45}$

④ $9\frac{26}{32}$ ⑧ $6\frac{21}{25}$ ⑫ $3\frac{3}{56}$ ⑯ $14\frac{5}{54}$ ⑳ $9\frac{1}{6}$

4 분모가 같은 (대분수)-(대분수)

1　　p.45

① $1\frac{2}{6}$　⑤ $2\frac{6}{9}$　⑨ $2\frac{11}{24}$　⑬ $\frac{25}{27}$　⑰ $\frac{1}{3}$

② $\frac{9}{15}$　⑥ $2\frac{9}{45}$　⑩ $2\frac{9}{36}$　⑭ $1\frac{6}{8}$　⑱ $1\frac{4}{17}$

③ $2\frac{3}{23}$　⑦ $\frac{5}{13}$　⑪ $\frac{9}{12}$　⑮ $1\frac{30}{34}$　⑲ $1\frac{21}{29}$

④ $1\frac{10}{30}$　⑧ $1\frac{7}{19}$　⑫ $1\frac{16}{18}$　⑯ $2\frac{46}{50}$　⑳ $1\frac{7}{11}$

2　　p.46

① $1\frac{2}{5}$　⑤ $2\frac{17}{35}$　⑨ $2\frac{2}{13}$　⑬ $1\frac{5}{9}$　⑰ $1\frac{2}{17}$

② $1\frac{2}{11}$　⑥ $5\frac{4}{22}$　⑩ $2\frac{20}{37}$　⑭ $2\frac{41}{42}$　⑱ $1\frac{37}{40}$

③ $3\frac{8}{30}$　⑦ $1\frac{10}{19}$　⑪ $\frac{10}{13}$　⑮ $1\frac{15}{17}$　⑲ $1\frac{11}{12}$

④ $1\frac{2}{26}$　⑧ $1\frac{16}{42}$　⑫ $1\frac{18}{24}$　⑯ $\frac{34}{38}$　⑳ $1\frac{19}{26}$

3　　p.47

① $2\frac{3}{10}$　⑤ $3\frac{14}{48}$　⑨ $1\frac{15}{22}$　⑬ $1\frac{30}{34}$　⑰ $1\frac{5}{7}$

② $1\frac{5}{17}$　⑥ $2\frac{14}{51}$　⑩ $2\frac{9}{20}$　⑭ $1\frac{41}{42}$　⑱ $1\frac{12}{13}$

③ $1\frac{21}{32}$　⑦ $\frac{10}{53}$　⑪ $1\frac{9}{15}$　⑮ $2\frac{3}{7}$　⑲ $1\frac{13}{18}$

④ $3\frac{8}{36}$　⑧ $2\frac{8}{46}$　⑫ $\frac{24}{28}$　⑯ $2\frac{43}{45}$　⑳ $2\frac{21}{29}$

4　　p.48

① $2\frac{5}{19}$　⑤ $\frac{2}{21}$　⑨ $1\frac{5}{6}$　⑬ $1\frac{20}{22}$　⑰ $2\frac{5}{18}$

② $2\frac{3}{8}$　⑥ $1\frac{5}{12}$　⑩ $2\frac{39}{53}$　⑭ $1\frac{24}{25}$　⑱ $1\frac{5}{7}$

③ $1\frac{4}{15}$　⑦ $2\frac{8}{27}$　⑪ $1\frac{20}{34}$　⑮ $\frac{37}{41}$　⑲ $2\frac{8}{36}$

④ $2\frac{9}{32}$　⑧ $3\frac{11}{14}$　⑫ $2\frac{23}{28}$　⑯ $3\frac{16}{20}$　⑳ $2\frac{12}{13}$

5　　p.49

① $2\frac{5}{7}$　⑤ $\frac{17}{21}$　⑨ $1\frac{2}{10}$　⑬ $4\frac{19}{42}$　⑰ $3\frac{13}{29}$

② $2\frac{8}{19}$　⑥ $1\frac{35}{48}$　⑩ $1\frac{23}{52}$　⑭ $1\frac{11}{14}$　⑱ $4\frac{16}{18}$

③ $1\frac{19}{37}$　⑦ $1\frac{34}{56}$　⑪ $1\frac{1}{13}$　⑮ $3\frac{26}{32}$　⑲ $3\frac{13}{14}$

④ $\frac{7}{9}$　⑧ $2\frac{2}{33}$　⑫ $2\frac{14}{25}$　⑯ $1\frac{41}{54}$　⑳ $1\frac{16}{23}$

6　　p.50

① $4\frac{5}{15}$　⑤ $4\frac{3}{8}$　⑨ $1\frac{3}{7}$　⑬ $2\frac{16}{18}$　⑰ $3\frac{17}{25}$

② $2\frac{5}{34}$　⑥ $1\frac{13}{27}$　⑩ $2\frac{17}{22}$　⑭ $\frac{17}{28}$　⑱ $2\frac{5}{6}$

③ $2\frac{15}{42}$　⑦ $2\frac{2}{47}$　⑪ $1\frac{8}{9}$　⑮ $\frac{32}{37}$　⑲ $2\frac{7}{20}$

④ $1\frac{8}{23}$　⑧ $3\frac{15}{19}$　⑫ $2\frac{34}{45}$　⑯ $2\frac{24}{31}$　⑳ $3\frac{17}{45}$

7　　p.51

① $2\frac{3}{8}$　⑤ $1\frac{35}{40}$　⑨ $2\frac{9}{16}$　⑬ $2\frac{6}{75}$　⑰ $2\frac{9}{15}$

② $2\frac{12}{44}$　⑥ $4\frac{35}{53}$　⑩ $2\frac{2}{30}$　⑭ $2\frac{21}{28}$　⑱ $3\frac{24}{39}$

③ $4\frac{16}{36}$　⑦ $2\frac{3}{4}$　⑪ $2\frac{5}{17}$　⑮ $2\frac{2}{5}$　⑲ $2\frac{28}{43}$

④ $2\frac{10}{13}$　⑧ $\frac{11}{25}$　⑫ $1\frac{15}{62}$　⑯ $2\frac{59}{61}$　⑳ $3\frac{53}{57}$

8　　p.52

① $5\frac{6}{37}$　⑤ $1\frac{7}{9}$　⑨ $3\frac{11}{18}$　⑬ $2\frac{44}{59}$　⑰ $\frac{5}{10}$

② $4\frac{4}{12}$　⑥ $2\frac{15}{55}$　⑩ $2\frac{2}{3}$　⑭ $\frac{32}{40}$　⑱ $3\frac{9}{23}$

③ $2\frac{24}{61}$　⑦ $2\frac{7}{13}$　⑪ $4\frac{12}{15}$　⑮ $4\frac{16}{34}$　⑲ $2\frac{14}{21}$

④ $3\frac{9}{47}$　⑧ $4\frac{38}{45}$　⑫ $2\frac{21}{26}$　⑯ $1\frac{4}{8}$　⑳ $4\frac{46}{52}$

1-A p.54

① $\frac{5}{6}$ ⑤ $\frac{47}{68}$ ⑨ $\frac{5}{39}$ ⑬ $\frac{4}{31}$ ⑰ 0

② $\frac{11}{16}$ ⑥ $\frac{28}{37}$ ⑩ $\frac{55}{63}$ ⑭ $\frac{18}{72}$ ⑱ $\frac{7}{43}$

③ $\frac{59}{76}$ ⑦ $\frac{67}{73}$ ⑪ $\frac{9}{45}$ ⑮ $\frac{19}{63}$ ⑲ $\frac{8}{16}$

④ $\frac{42}{53}$ ⑧ $\frac{19}{21}$ ⑫ $\frac{1}{8}$ ⑯ $\frac{18}{32}$ ⑳ $\frac{26}{50}$

1-B p.55

① $\frac{20}{24}$ ⑤ $\frac{32}{56}$ ⑨ $\frac{9}{11}$ ⑬ $\frac{7}{35}$

② $\frac{9}{35}$ ⑥ $\frac{57}{60}$ ⑩ $\frac{7}{23}$ ⑭ $\frac{21}{49}$

③ $\frac{13}{17}$ ⑦ $\frac{71}{74}$ ⑪ $\frac{13}{18}$ ⑮ $\frac{18}{56}$

④ $\frac{33}{43}$ ⑧ $\frac{7}{10}$ ⑫ $\frac{9}{76}$ ⑯ $\frac{4}{20}$

2-A p.56

① $1\frac{8}{18}$ ⑤ $1\frac{4}{9}$ ⑨ $1\frac{1}{30}$ ⑬ $1\frac{11}{16}$ ⑰ $6\frac{9}{10}$

② $1\frac{9}{34}$ ⑥ $1\frac{11}{26}$ ⑩ $1\frac{8}{15}$ ⑭ $\frac{43}{54}$ ⑱ $\frac{13}{21}$

③ $1\frac{6}{12}$ ⑦ $1\frac{14}{30}$ ⑪ $2\frac{26}{35}$ ⑮ $5\frac{9}{13}$ ⑲ $3\frac{22}{25}$

④ $1\frac{4}{7}$ ⑧ $1\frac{8}{34}$ ⑫ $3\frac{27}{29}$ ⑯ $\frac{2}{5}$ ⑳ $3\frac{27}{32}$

2-B p.57

① $1\frac{2}{8}$ ⑤ $1\frac{10}{32}$ ⑨ $2\frac{1}{9}$ ⑬ $10\frac{26}{50}$

② $1\frac{4}{7}$ ⑥ $1\frac{6}{26}$ ⑩ $1\frac{21}{26}$ ⑭ $2\frac{35}{37}$

③ $1\frac{6}{13}$ ⑦ 1 ⑪ $\frac{9}{12}$ ⑮ $8\frac{31}{47}$

④ $1\frac{17}{20}$ ⑧ $1\frac{13}{50}$ ⑫ $2\frac{39}{48}$ ⑯ $7\frac{18}{19}$

3-A p.58

① $7\frac{12}{13}$ ⑤ $9\frac{23}{24}$ ⑨ $3\frac{41}{63}$ ⑬ $5\frac{10}{46}$ ⑰ $11\frac{3}{6}$

② $13\frac{45}{48}$ ⑥ $5\frac{9}{10}$ ⑩ $7\frac{61}{75}$ ⑭ $9\frac{1}{8}$ ⑱ $3\frac{9}{72}$

③ $11\frac{47}{56}$ ⑦ $13\frac{27}{39}$ ⑪ $11\frac{8}{26}$ ⑮ $8\frac{24}{32}$ ⑲ $4\frac{18}{52}$

④ $12\frac{28}{33}$ ⑧ $7\frac{41}{52}$ ⑫ $11\frac{6}{9}$ ⑯ 15 ⑳ $8\frac{9}{40}$

3-B p.59

① $7\frac{16}{25}$ ⑤ $15\frac{44}{45}$ ⑨ $13\frac{2}{43}$ ⑬ $9\frac{8}{15}$

② $7\frac{32}{39}$ ⑥ $10\frac{28}{34}$ ⑩ $11\frac{6}{16}$ ⑭ $6\frac{4}{8}$

③ $6\frac{20}{41}$ ⑦ $5\frac{31}{38}$ ⑪ $11\frac{5}{18}$ ⑮ $12\frac{3}{36}$

④ $9\frac{12}{16}$ ⑧ $7\frac{21}{22}$ ⑫ $12\frac{2}{81}$ ⑯ $4\frac{3}{10}$

4-A p.60

① $1\frac{7}{12}$ ⑤ $2\frac{5}{45}$ ⑨ $1\frac{17}{44}$ ⑬ $1\frac{31}{39}$ ⑰ $\frac{4}{5}$

② $3\frac{28}{52}$ ⑥ $4\frac{7}{37}$ ⑩ $4\frac{15}{16}$ ⑭ $2\frac{13}{15}$ ⑱ $2\frac{50}{53}$

③ $3\frac{2}{9}$ ⑦ $\frac{4}{15}$ ⑪ $1\frac{20}{26}$ ⑮ $2\frac{17}{30}$ ⑲ $1\frac{17}{24}$

④ $2\frac{2}{23}$ ⑧ $2\frac{2}{8}$ ⑫ $1\frac{3}{7}$ ⑯ $1\frac{53}{64}$ ⑳ $2\frac{15}{31}$

4-B p.61

① $3\frac{5}{47}$ ⑤ $1\frac{3}{9}$ ⑨ $1\frac{35}{46}$ ⑬ $3\frac{2}{8}$

② $3\frac{8}{23}$ ⑥ $2\frac{1}{15}$ ⑩ $1\frac{20}{34}$ ⑭ $\frac{26}{29}$

③ $2\frac{3}{17}$ ⑦ $1\frac{5}{12}$ ⑪ $3\frac{29}{50}$ ⑮ $3\frac{13}{27}$

④ $3\frac{5}{25}$ ⑧ $2\frac{40}{57}$ ⑫ $3\frac{18}{31}$ ⑯ $\frac{19}{22}$

자릿수가 같은 (소수)+(소수)

1　　　　　　　p.63

① 0.7	⑦ 25.9	⑬ 0.82
② 1.2	⑧ 20.5	⑭ 1.5
③ 1.6	⑨ 25	⑮ 1.08
④ 3.4	⑩ 58.6	⑯ 2.78
⑤ 7.7	⑪ 76.6	⑰ 8.28
⑥ 12	⑫ 86.8	⑱ 9.07

2　　　　　　　p.64

① 0.9	⑥ 18.3	⑪ 1
② 6.18	⑦ 10.9	⑫ 0.94
③ 11.06	⑧ 40.5	⑬ 3.9
④ 0.46	⑨ 57.1	⑭ 10.1
⑤ 8.1	⑩ 53.2	⑮ 51.7

3　　　　　　　p.65

① 0.8	⑦ 19.8	⑬ 0.45
② 1.3	⑧ 31.1	⑭ 1.09
③ 1	⑨ 17.8	⑮ 0.9
④ 5.1	⑩ 82	⑯ 6.76
⑤ 12.7	⑪ 79.1	⑰ 8.27
⑥ 11.2	⑫ 66.4	⑱ 13.25

4　　　　　　　p.66

① 37.9	⑥ 14.1	⑪ 1.4
② 10.87	⑦ 60.5	⑫ 0.92
③ 1.2	⑧ 14.8	⑬ 14.3
④ 13.3	⑨ 0.86	⑭ 37
⑤ 6.91	⑩ 78.4	⑮ 5.2

5　　　　　　　p.67

① 0.8	⑦ 1.5	⑬ 1.5
② 7.3	⑧ 8	⑭ 8.1
③ 33.2	⑨ 46.9	⑮ 20
④ 76.5	⑩ 69.1	⑯ 113.7
⑤ 0.77	⑪ 1.08	⑰ 4.38
⑥ 11.4	⑫ 14.99	⑱ 10.72

6　　　　　　　p.68

① 8	⑥ 31.7	⑪ 0.79
② 12.2	⑦ 7.01	⑫ 8.3
③ 14.54	⑧ 86.3	⑬ 0.8
④ 64.2	⑨ 102.8	⑭ 3.96
⑤ 1.1	⑩ 40.4	⑮ 1.2

7　　　　　　　p.69

① 0.4	⑦ 1	⑬ 1.7
② 5.4	⑧ 9.9	⑭ 10.7
③ 28.1	⑨ 17.3	⑮ 33.9
④ 131.7	⑩ 90.8	⑯ 100
⑤ 0.43	⑪ 1.23	⑰ 3
⑥ 9.15	⑫ 13.89	⑱ 17.86

8　　　　　　　p.70

① 0.9	⑥ 122.4	⑪ 1.07
② 10.41	⑦ 60.2	⑫ 14.5
③ 3.4	⑧ 7.1	⑬ 56.5
④ 0.51	⑨ 36	⑭ 1.2
⑤ 7.02	⑩ 24.2	⑮ 16.1

6 자릿수가 다른 (소수)+(소수)

1   p.72

① 8.6	⑦ 5.95	⑬ 6.082
② 17.3	⑧ 22.64	⑭ 11.326
③ 13.91	⑨ 9.22	⑮ 9.318
④ 41.78	⑩ 15.01	⑯ 8.664
⑤ 11.85	⑪ 14.35	⑰ 11.077
⑥ 35.13	⑫ 72.71	⑱ 15.398

2   p.73

① 10.6	⑥ 35.8	⑪ 7.214
② 27.94	⑦ 13.287	⑫ 23.77
③ 3.647	⑧ 14.37	⑬ 27.89
④ 17.53	⑨ 28.91	⑭ 13.262
⑤ 23.128	⑩ 62.12	⑮ 13.86

3   p.74

① 12.4	⑦ 11.26	⑬ 5.175
② 30.5	⑧ 16.34	⑭ 11.067
③ 8.72	⑨ 12.97	⑮ 14.182
④ 13.27	⑩ 20.72	⑯ 12.079
⑤ 24.11	⑪ 46.95	⑰ 11.132
⑥ 68.07	⑫ 102.79	⑱ 18.178

4   p.75

① 51.32	⑥ 14.79	⑪ 24.12
② 53.8	⑦ 22.448	⑫ 38.47
③ 15.94	⑧ 53.84	⑬ 14.4
④ 10.145	⑨ 20.37	⑭ 18.642
⑤ 19.832	⑩ 15.914	⑮ 12.53

5   p.76

① 11.6	⑦ 20.5	⑬ 13.53
② 25.75	⑧ 38.07	⑭ 57.18
③ 8.18	⑨ 43.45	⑮ 12.43
④ 23.29	⑩ 76.04	⑯ 63.46
⑤ 8.361	⑪ 15.816	⑰ 10.201
⑥ 18.182	⑫ 10.735	⑱ 13.388

6   p.77

① 17.353	⑥ 22.532	⑪ 40.97
② 66.21	⑦ 62.6	⑫ 62.82
③ 36.3	⑧ 17.46	⑬ 12.785
④ 5.358	⑨ 48.92	⑭ 25.61
⑤ 13.523	⑩ 52.09	⑮ 10.32

7   p.78

① 28.9	⑦ 121.6	⑬ 15.28
② 40.18	⑧ 56.37	⑭ 89.02
③ 8.36	⑨ 49.29	⑮ 23.96
④ 67.32	⑩ 54.83	⑯ 80.71
⑤ 11.394	⑪ 11.102	⑰ 14.571
⑥ 10.648	⑫ 17.763	⑱ 14.927

8   p.79

① 59.26	⑥ 35.84	⑪ 14.542
② 61.9	⑦ 80.83	⑫ 17.32
③ 31.526	⑧ 17.15	⑬ 23.806
④ 22.322	⑨ 57.79	⑭ 59.7
⑤ 18.251	⑩ 40.89	⑮ 51.07

자릿수가 같은 (소수)−(소수)

1   p.81

① 0.2	⑦ 14.9	⑬ 0.29
② 0.4	⑧ 13.9	⑭ 0.26
③ 0.3	⑨ 17.5	⑮ 1.57
④ 0.8	⑩ 18.6	⑯ 1.73
⑤ 0.8	⑪ 30.8	⑰ 7.45
⑥ 2.6	⑫ 32	⑱ 8.28

2   p.82

① 0.1	⑥ 4.13	⑪ 0.69
② 6.3	⑦ 1.6	⑫ 13.9
③ 3.79	⑧ 0.8	⑬ 0.6
④ 1.8	⑨ 8.5	⑭ 0.68
⑤ 17.7	⑩ 22.7	⑮ 4.9

3   p.83

① 0.1	⑦ 8.9	⑬ 0.38
② 0.5	⑧ 17.2	⑭ 0.76
③ 0.3	⑨ 25.7	⑮ 1.07
④ 1.6	⑩ 37.5	⑯ 1.7
⑤ 3.9	⑪ 28.6	⑰ 2.84
⑥ 4.8	⑫ 7.9	⑱ 4.16

4   p.84

① 0.78	⑥ 1.53	⑪ 19
② 4.1	⑦ 7.9	⑫ 4.7
③ 0.26	⑧ 16.5	⑬ 0.2
④ 22.9	⑨ 0.2	⑭ 2.9
⑤ 2.48	⑩ 8.8	⑮ 2.75

5   p.85

① 0.3	⑦ 0.6	⑬ 0.4
② 2.6	⑧ 1.3	⑭ 4.9
③ 4.9	⑨ 13.5	⑮ 25.7
④ 24.5	⑩ 25.3	⑯ 54.2
⑤ 0.3	⑪ 0.38	⑰ 1.24
⑥ 1.08	⑫ 2.57	⑱ 0.92

6   p.86

① 0.32	⑥ 0.6	⑪ 2.2
② 0.48	⑦ 51.8	⑫ 0.4
③ 18.8	⑧ 9.5	⑬ 46.8
④ 3.9	⑨ 6.1	⑭ 4.7
⑤ 3.8	⑩ 3.69	⑮ 15.12

7   p.87

① 0.3	⑦ 0.2	⑬ 0.6
② 3.8	⑧ 2.9	⑭ 5.9
③ 13.3	⑨ 14.1	⑮ 36.6
④ 42.4	⑩ 37.8	⑯ 25.3
⑤ 0.08	⑪ 0.31	⑰ 2.4
⑥ 2.79	⑫ 3.79	⑱ 3.03

8   p.88

① 0.2	⑥ 0.57	⑪ 7.75
② 0.06	⑦ 1.2	⑫ 7.6
③ 30	⑧ 24.6	⑬ 22.84
④ 51.7	⑨ 0.6	⑭ 3.9
⑤ 10.8	⑩ 3.33	⑮ 0.8

자릿수가 다른 (소수)-(소수)

1
p.90

① 5.7	⑦ 7.64	⑬ 3.925
② 3.36	⑧ 1.54	⑭ 0.423
③ 8.42	⑨ 2.51	⑮ 2.786
④ 6.34	⑩ 8.94	⑯ 1.762
⑤ 5.45	⑪ 12.96	⑰ 3.683
⑥ 13.73	⑫ 25.94	⑱ 7.909

2
p.91

① 1.8	⑥ 11.35	⑪ 3.339
② 52.72	⑦ 11.12	⑫ 29.88
③ 23.93	⑧ 13.065	⑬ 3.11
④ 3.842	⑨ 1.28	⑭ 2.22
⑤ 2.894	⑩ 3.649	⑮ 2.61

3
p.92

① 12.6	⑦ 9.39	⑬ 5.281
② 3.12	⑧ 1.97	⑭ 1.264
③ 3.13	⑨ 6.44	⑮ 1.308
④ 7.78	⑩ 3.62	⑯ 4.196
⑤ 14.87	⑪ 6.56	⑰ 3.575
⑥ 14.76	⑫ 12.88	⑱ 2.299

4
p.93

① 8.8	⑥ 19.31	⑪ 2.96
② 5.73	⑦ 1.736	⑫ 5.54
③ 5.554	⑧ 9.66	⑬ 1.473
④ 4.373	⑨ 20.71	⑭ 1.348
⑤ 10.62	⑩ 15.95	⑮ 3.32

5
p.94

① 2.2	⑦ 3.65	⑬ 3.44
② 12.27	⑧ 8.48	⑭ 19.23
③ 21.43	⑨ 2.43	⑮ 1.94
④ 12.49	⑩ 23.83	⑯ 20.95
⑤ 1.428	⑪ 1.257	⑰ 3.764
⑥ 4.347	⑫ 2.569	⑱ 2.549

6
p.95

① 7.2	⑥ 5.12	⑪ 0.47
② 4.75	⑦ 3.82	⑫ 21.41
③ 2.819	⑧ 13.09	⑬ 1.819
④ 49.53	⑨ 11.452	⑭ 6.46
⑤ 4.206	⑩ 5.166	⑮ 30.22

7
p.96

① 15.7	⑦ 1.72	⑬ 5.25
② 7.39	⑧ 23.27	⑭ 20.81
③ 14.62	⑨ 0.84	⑮ 4.63
④ 16.86	⑩ 25.68	⑯ 25.44
⑤ 2.685	⑪ 0.672	⑰ 1.358
⑥ 2.581	⑫ 4.684	⑱ 6.647

8
p.97

① 3.41	⑥ 48.77	⑪ 2.41
② 4.52	⑦ 6.319	⑫ 33.82
③ 11.24	⑧ 13.3	⑬ 3.029
④ 23.29	⑨ 26.193	⑭ 3.183
⑤ 1.135	⑩ 22.13	⑮ 4.41

5-A   p.100

① 1.1   ⑦ 25.3   ⑬ 1.47
② 1.2   ⑧ 53.2   ⑭ 0.7
③ 14.5   ⑨ 18   ⑮ 2.02
④ 9.2   ⑩ 32.1   ⑯ 9.73
⑤ 4   ⑪ 79.7   ⑰ 13.88
⑥ 1.6   ⑫ 85.4   ⑱ 13.93

5-B   p.101

① 1.3   ⑤ 16.34   ⑨ 76.5
② 0.61   ⑥ 36.4   ⑩ 1.1
③ 10   ⑦ 13   ⑪ 49.5
④ 73.9   ⑧ 1.82   ⑫ 12.4

6-A   p.102

① 43.2   ⑦ 20.49   ⑬ 15.186
② 17.8   ⑧ 34.21   ⑭ 9.208
③ 74.72   ⑨ 40.13   ⑮ 11.179
④ 13.67   ⑩ 54.28   ⑯ 11.004
⑤ 42.55   ⑪ 52.02   ⑰ 8.735
⑥ 30.46   ⑫ 58.54   ⑱ 5.106

6-B   p.103

① 31.62   ⑤ 27.364   ⑨ 40.8
② 6.95   ⑥ 27.03   ⑩ 54.69
③ 14.618   ⑦ 12.318   ⑪ 25.28
④ 43.48   ⑧ 47.91   ⑫ 13.44

7-A
p.104

① 0.3
② 0.4
③ 5.9
④ 0.2
⑤ 2.9
⑥ 1.5
⑦ 12.8
⑧ 22.5
⑨ 41.9
⑩ 0.6
⑪ 8.8
⑫ 19
⑬ 0.39
⑭ 3.58
⑮ 1.26
⑯ 0.43
⑰ 3.89
⑱ 5.17

7-B
p.105

① 0.4
② 0.15
③ 20.7
④ 3.7
⑤ 5.5
⑥ 20.6
⑦ 4.7
⑧ 0.8
⑨ 0.97
⑩ 16.2
⑪ 7.6
⑫ 3.35

8-A
p.106

① 12.2
② 13.89
③ 2.67
④ 14.58
⑤ 7.62
⑥ 35.06
⑦ 22.46
⑧ 1.55
⑨ 2.86
⑩ 24.61
⑪ 7.07
⑫ 4.85
⑬ 2.523
⑭ 7.086
⑮ 3.236
⑯ 0.485
⑰ 4.831
⑱ 2.913

8-B
p.107

① 15.6
② 28.61
③ 4.028
④ 1.098
⑤ 18.95
⑥ 2.62
⑦ 13.48
⑧ 1.63
⑨ 10.37
⑩ 5.342
⑪ 35.21
⑫ 1.268

Memo

Memo

Memo